雾霾跨域治理

行为博弈、风险分析及协同机制

彭本红　屠　羽　周倩倩　著

本书由 中国气象局软科学重点项目 2017[15]、江苏高校优势学科建设工程资助项目(PAPD)、气候变化与公共政策研究院开放课题(14QHA017) 联合资助

科学出版社

北　京

内 容 简 介

雾霾跨域治理是一项复杂的社会系统工程，需要建立多元协同机制。本书利用博弈理论、社会资本理论、行动者网络理论以及系统动力学、等级全息建模、多元统计分析等理论和方法，系统探讨雾霾跨域治理的行为博弈、风险分析及协同机制等问题，并提出中国现阶段雾霾跨域治理的多元协同对策。本书内容不仅拓展雾霾治理的研究范围、丰富雾霾治理理论，而且对指导区域合作和协同治理实践有重要的现实意义。

本书适合从事环境管理、区域管理、管理工程等方面研究的高校师生和科研机构工作人员，以及企业技术和管理部门相关人员阅读、参考。

图书在版编目(CIP)数据

雾霾跨域治理：行为博弈、风险分析及协同机制/彭本红，屠羽，周倩倩著. —北京：科学出版社，2017.3

ISBN 978-7-03-052410-2

Ⅰ. ①雾… Ⅱ. ①彭… ②屠… ③周… Ⅲ. ①空气污染-污染防治-研究-中国 Ⅳ. ①X51

中国版本图书馆 CIP 数据核字(2017)第 056829 号

责任编辑：王腾飞 沈 旭/责任校对：樊雅琼

责任印制：张 伟/封面设计：许 瑞

科学出版社出版

北京东黄城根北街 16 号

邮政编码：100717

http://www.sciencep.com

北京凌奇印刷有限责任公司印刷

科学出版社发行 各地新华书店经销

*

2017 年 3 月第 一 版 开本：720×1000 1/16

2020 年 5 月第三次印刷 印张：9 5/8

字数：202 000

定价：69.00 元

前　言

随着经济高速发展，中国大部分地区频繁出现严重的雾霾天气。雾霾天气破坏强、时间长、区域广，而立足于单一地区的雾霾治理是不够的，雾霾治理必须打破行政区壁垒和单一主体治理的模式，通过构建跨区域多元协同治理机制，统筹环境资源，并加强协调治理主体跨区域协同合作。本书运用多种方法对雾霾跨域治理中行为博弈、风险分析、协同机制、治理政策进行研究。

本书运用微分博弈理论，建立政府与污染企业、跨域政府与政府间的微分博弈模型，建立各主体相关的动态价值函数，分析各因素对主体策略的影响。政府与排污企业间，政府向企业收取的单位排污费提高，会控制企业的大气污染物排放；加大对超标排放污染气体企业的处罚力度，使得企业上缴的罚款金额大于其努力控制排污量的成本，会使企业的均衡污染物产量降低；跨域政府间是否合作在于协作利益的大小及分配，协作收益越大，分配越合理，政府间选择跨域协作概率越大；随着治霾活动的开展，各区域的利润下降，随时间推移利润下降幅度会变小，继而利润逐渐上升；通过区域合作治理的利润较单独地区的平均利润高，说明跨域治理雾霾具有优势。

运用演化博弈理论建立了政府、企业以及公众的三方演化博弈模型，并用系统动力学方法对演化博弈过程进行模拟仿真，显示在一定条件下，政府、企业和公众最终会达到(监督、治理、参与)稳定均衡状态；政府的行为决策严重影响企业及公众的决策；企业污染的罚金、公众参与的收益以及政府协作的利益分配等因素都是影响主体行为选择的重要因素。

以问卷调查数据为基础，将社会资本细分为政府社会资本与民间社会资本，运用回归分析与结构方程模型探讨双重社会资本、治理行为与雾霾治理绩效三者关系。双重社会资本对治理行为与雾霾治理绩效均有正向影响，两种治理行为均起到正向中介作用，特别地，具有公共服务性质的雾霾治理需要政策强制力来保障落实，具有号召性的信任因素与激励行为的正向影响有限。

基于等级全息建模框架识别雾霾风险的方法，作者构建了以自然风险、人为风险、气象风险、政治风险、经济风险、文化风险和技术风险 7 个风险情景为基础，从不同的维度描述形成雾霾天气风险源；并运用风险过滤、评级与管理方法

(RFRM)对各类别风险源进行初步筛选、过滤和评级，得到了三类主要风险情景：自然风险，人为风险和气象风险，并建立雾霾风险评价的故障树模型，以南京为例对其空气质量进行评价。

作者结合综合集成研讨厅和物理-事理-人理系统方法论(WSR)，提出融合共识的雾霾跨域治理思路。针对多元决策过程中的共识度问题，建立共识度模型，在权重不变的条件下，专家组之间通过改变分歧度，达成共识收敛，或者是调整备选方案，再次进行共识度评估，最终实现融合共识。

作者提出雾霾跨域治理多元协同机制，结合行动者网络理论，以构建参与沟通网络、利益协调网络、多元参与网络以及预防与监控网络为基础，从实现雾霾跨域治理的多元协同角度构建协同机制，包括以参与和沟通为基础的多元互动机制、以利益平衡与协调为基础的多元监管机制、以公众参与为主要诉求的区域多元共管机制、“防”“治”结合的雾霾治理多元运作机制等。从英国成功治理雾霾的案例中总结经验，结合我国雾霾治理的不足，从法律法规的完善、战略环境评价体系的建立、区域雾霾治理联合委员会的建立、产学研的协同以及全民环保意识的提高五方面，提出雾霾跨域治理多元协同的具体政策建议。

由于雾霾跨域治理是一个复杂的社会系统工程，需要结合环境科学、管理科学、经济学、社会学、系统科学和大气科学等多学科开展交叉研究。本书只是提出雾霾跨域治理的思路，还有大量的内容有待于深入探讨，希望能起到抛砖引玉的作用。由于学识所限，本书尚待完善，希望读者批评指正。

作　者

2017年2月

目　　录

第1章　绪　　论

1.1　背景和意义

近年来，雾霾现象愈发严重，空气质量严重恶化，给社会和谐发展及居民生活健康带来极大威胁。2013 年 12 月，由国家卫生和计划生育委员会主管的《健康报》指出雾霾是 2013 年十大危害健康之首。中共十八大报告提出要构建一系列体现生态文明要求的目标体系、考核办法和奖惩机制，要把环境损害、资源消耗、生态效益包含在经济社会发展评价体系中。十八届三中全会提出引入市场化的生态环保机制，实行更严格的环保制度，建立地区减排合作机制和交易制度，完善生态补偿与支付制度等，并保证尽快制定《清洁空气法》。第十二届全国人大二次会议上，李克强总理提出要向雾霾等污染宣战，国务院也出台了治理大气污染的十条措施，并在全国 161 个城市监测 $PM_{2.5}$ 数值，监测的城市数居发展中国家之最。很多学者对雾霾进行研究，表明我国的雾霾天气是自然因素和人为因素共同作用的结果，原因主要包括污染物排放以及中东地区丰富的水汽和浮尘。同时空气是流动的，这使邻近地区的雾霾必然会发生渗透与扩散，每个城市都难逃被雾霾笼罩的厄运。因此，立足于一时一地的雾霾治理是远远不够的，加强地方政府间合作进行跨域协同治理才是雾霾治理的关键所在。

目前中国雾霾治理存在的主要难题，一是没有形成系统的跨域治理协同体系，二是可行且高效的政策措施仍需不断创新。大气污染防治是一项系统工程，在全面实施大气污染防治工作中，需要多方共同努力，需要统一协调和管理以及相关组织制度的保证。而当前在雾霾治理的过程中，各区域部门各自为政，存在狭隘的地方保护主义，过分重视本区域利益和近期利益，导致雾霾治理时相互推诿，协调困难。此外，治理雾霾的政策措施效果差强人意，是因为雾霾治理涉及的多利益主体的诉求表达具有差异。比如在实施雾霾治理措施时，由于一些高污染、高能耗的企业产生污染严重，政府依法将其关闭会触动这些企业利益甚至地方政府的利益，从而会形成一定程度的抵制与抗议，消极应对。因此，要提高治理雾霾的效率和效益，需要通过彼此协同、通力合作以及互相辅助。本书以此为切入点，用博弈论的思想探究多元主体做出抉择的演化过程，指出雾霾治理各种措施政策的选择实质是多元利益主体基于各自利益与价值考量的彼此博弈、相互妥协，从而做出次优选择；同时，考虑大气污染的流动和越界特性，运用跨界治理理论，形成协同的跨界治理机制及政策体系，这对有效实施雾霾治理、快速改善生存环境具有重要意义。

1.2　研究现状述评

1.2.1　雾霾治理相关研究

自 2012 年以来，雾霾天气严重影响我国经济社会发展及居民生活健康，这是工业化过程中的普遍现象。西方国家在 20 世纪中叶就爆发了雾霾，经过持续治理，20 世纪 80 年代有所好转。纵观涉及雾霾治理的文章，可以发现雾霾的治理主要分为三种方法：法律手段、政治手段和经济手段。

1. 关于法律手段治理雾霾的研究

对于雾霾治理，英国等从 20 世纪中叶就开始使用法律手段，先后颁布数条关于大气污染的法律法规，1956 年英国国会通过第一部《清洁空气法案》。我国也于 1987 年制定了《大气污染防治法》。

国内外关于法律手段治理雾霾的研究很多，主要是研究法律治理雾霾的重要地位，并在分析现有法律法规的基础上提出相关治理雾霾法律的不足，并进一步提出完善相关法律的措施。Ewing (2014) 指出新加坡积极主动治理雾霾到达新水平，表现在其通过的新立法中通过立法追究跨域雾霾行为主体的责任。Nurhidayah (2013) 探讨印度尼西亚现有的法律政策框架后，指出在解决跨界雾霾污染问题上，该国拥有良好的法律框架至关重要，而在拥有广泛的法律法规的同时，还要检查这些法律法规间的重叠及冲突。周景坤 (2016) 指出我国雾霾法律法规的基本构成及存在问题，提出改进我国雾霾防治法律体系应完善环保法与大气防治污染法等法律法规体系。宋怡欣 (2015) 对许多城市开展的碳排放权交易业务与行政手段治理雾霾进行对比，指出以排放权为核心的碳金融法律制度对雾霾治理不仅效率高，而且避免了与经济发展之间的冲突。孙鹏举 (2014) 在分析雾霾具有复合性、跨域性等特点后，指出治理行为必须通过法律手段科学合理地进行，而关键在于提高环保标准和违法成本，加强责任机制建设。白洋和刘晓源 (2013) 指出我国雾霾防治相关立法理念滞后，$PM_{2.5}$ 法律规制空白，需要在预防为主、防治结合立法理念的指引下，运用规划制度、环评制度、环境标准制度、区域联防制度、预警监测制度等手段，实施全过程监管，才能实现对雾霾的有效治理。杨小阳和白志鹏(2013)分析美国、英国、日本等国家在污染事件发生后通过制定防治法律逐步解决空气污染问题的经验，建议我国法律法规加大对开放源与移动源污染的控制力度，优化能源结构，实施联防联控。

2. 关于政府主导手段治理雾霾的研究

雾霾污染的治理引起了政府及社会对政府工作的反思。雾霾治理工作已经开展许久，但雾霾治理工作仍未有突破性进展，政府是雾霾治理的主体，因此，在雾霾治理相关研究中，学者均抓住这一要点，围绕政府的治理措施及手段，提出相关政策机制以有效治霾。刘海英和张秀秀(2015)针对我国雾霾污染和治理现状，认为建立科学合理的政府雾霾治理绩效评价指标体系能够全面、客观地考核政府治霾效果。这些指标体系涉及治霾基金的运用、政府预期目标的完成情况及公众治霾的参与度等。于水和帖明(2015)基于354个城市的相关政策及文献分析，发现地方政府在环境保护问题上动机、能力以及执行力存在较大差异，加强地方政府内部审视及自身能力建设是减少或破解当前困境，解决日益严重的雾霾污染策略。李永亮(2015)结合我国雾霾治理现状分析了政府间协同治理雾霾的现实困境，认为建立政府间雾霾治理合作机制是打破现实困境的有效手段。汪伟全(2014)以北京地区的空气污染治理为例，指出区域性是北京地区大气污染的重要特征，围绕空气污染区域性的特征以及在跨域治理中存在的问题，必须建立国家层面的空气污染防治战略，其从治理机制和治理模式上提出了相关建议。如完善跨域治理机构的结构设计与组织功能，构造政府主导、部门履职、市场协调与社会参与的跨域合作治理新模式等。姜丙毅和庞雨晴(2014)认为雾霾治理中各级政府间的联防联控机制十分重要，要完善政府的考核体系，构建政府间的合作平台，建立雾霾天气预警报告机制，通过一系列措施实现对雾霾的有效治理。

3. 关于经济手段治理雾霾的研究

从经济角度治理雾霾的研究中多是以经济学的视角分析雾霾治理问题。如通过征税或增加企业排污费以提高私人边际成本，从而遏制企业排污。Muller 和 Mendelsohn(2009)运用空气污染的边际损害成本探讨污染治理的效率问题，认为潜在的污染治理收益将数倍于目前基于边际损害成本计算的年均治理收益。郑国姣和杨来科(2015)以经济发展的视角分析造成雾霾天气的经济原因，并提出主要治理措施为技术创新优化产业和能源结构，确立相关环境产权制度，以及建立区域政府间合作机制等。陈礼文(2015)主要对商业银行发展的绿色信贷进行回归分析，主要模型指标包括商业银行盈利能力、空气质量的优良天数及银行声誉等，以此研究绿色信贷在雾霾治理过程中发挥的作用，并对其结果提出了相关建议。王书斌和徐盈之(2015)从企业投资偏好视角分析不同的环境规制工具对企业投资偏好的雾霾脱钩效应影响，认为提高雾霾治理的绩效需要环境行政管制和监管强度。胡名威(2014)指出雾霾诱发许多社会经济负效应，并从经济学角度考虑造成雾霾现象的原因，大致可以总结为工业废气的大量排放、不合理的能源消费结构、机械化程度的提高及建筑工地的扬尘等。

在雾霾治理问题上，不管是使用法律手段、政府主导手段还是经济手段，均是为有效地解决雾霾问题，减少大气污染和经济发展间的冲突，从而使人类全面健康发展。对于雾霾的治理如今停留在对于单一主体的研究上，而国家加强法律法规建设、政府提高行政能力、运用市场经济机制等措施都必不可少，缺少其一都是不全面的。雾霾治理的主体不只有政府和污染企业，针对雾霾的跨区域特征，对雾霾的多主体跨域协同治理方面的研究缺乏。

1.2.2 治理博弈相关研究

博弈理论开始于 1944 年，博弈又分为合作博弈和非合作博弈，其区别在于博弈主体的行为是否在一个有约束力的协议下进行。运用博弈论方法成为解决污染问题热点，使用的博弈方法主要分为演化博弈和微分博弈。

1. 关于演化博弈的污染治理研究

演化博弈由 Smith 和 Price 最早在研究对称人口博弈时提出(Smith and Price，1973)。演化博弈以有限理性为假设，将博弈理论分析和动态演化过程分析结合。学者运用演化博弈模型对多种经济现象进行了研究。马国顺和赵倩(2014)运用演化博弈分析雾霾现象的产生以及治理，他们对于无政府监督和政府监督两种情况进行演化博弈分析，说明政府参与雾霾治理的必要性。吴瑞明等(2013)在流域污染物的问题中，建立了上游排污群体、政府和下游受害群体的三方演化博弈模型，分析其动态复制方程后得到环境质量决定于政府的行为这一结论。张学刚和钟茂初(2011)运用博弈分析方法分析了政府环境监管与企业污染治理的互动决策，表明减少企业污染带来的收益、降低政府监管成本、加大企业污染的处罚力度等对空气质量的改良都有帮助。申亮(2008)运用演化博弈论对制造商的生产策略行为进行研究，认为政府的激励机制有助于促进企业向绿色市场转化，其最优机制是在政府鼓励的环境下企业不断调整自身而形成的。卢方元(2007)用演化博弈方法对排污企业间及其与环保部门间的行为策略进行分析，说明排污企业之间的利益比较是企业是否选择排污的重要影响因素，同时，环保部门的监管力度也决定了企业是否排污。张伟丽和叶明强(2005)对污染治理的问题建立了企业与环保部门的动态博弈模型，指出政府对环保部门是否监督十分重要，其还建立了政府与环保部门的动态博弈模型并得到此模型的均衡解。

2. 关于微分博弈的污染治理研究

微分博弈属于动态博弈，起初较多应用于航空和军事领域，随后更多学者开始关注微分博弈并将其应用于经济和管理等领域。Akihiko(2009)运用微分博弈模型对国际双寡头国家的博弈策略进行研究，分析两个国家在环境污染治理上的博弈行为。Wegelin 和 Hoffman(2009)研究并得出合作微分博弈帕累托最优存在的充分和必要条件，并将所得结果应用于研究非凸的无限水平线性二次微分博弈。

微分博弈在中国国内的研究起步较早，但发展较缓，运用微分博弈的研究相对较少。王博和李健(2015)运用微分博弈构建了连续时间的海洋产业和陆域产业投资合作的微分方程，用贝尔曼方程求得最优策略并进行比较，得出海洋产业和陆域产业在沿海环境投资建设中的系统最优收益分配比例。胡震云等(2014)构建了基于连续时间的政府与企业水污染治理微分博弈模型，得出生态文明环保政绩考核的重要性水平与企业的污染物产量和政府的治污努力的关系，并以此为基础提出生态文明环保政绩考核机制、奖惩机制等治理措施。赖苹等(2013)将微分博弈应用于流域水污染治理中，在区域联盟中，把流域水环境分为三个地区，并在组成区域联盟模型后对各模型的瞬时利润进行比较，得到流域水污染的治理需要两两联盟才能促进可持续发展。班允浩(2009)定义了微分博弈并对合作微分博弈做了系统研究，证明了微分博弈的纳什均衡是存在的，同时，对构成微分博弈结构的基本元素进行了深入分析和解释。

大量学者对污染治理运用博弈论的思想进行了探析，但大都还是局限于对两两主体间的博弈分析，多主体的多方博弈研究较缺乏。国内学者更偏好于研究造成环境污染的原因以及直接与环境污染相关主体的行为。研究方法也主要侧重于静态的纯策略博弈方法，对于跨域治理动态博弈的研究很少。而对于微分博弈，我国的研究发展相对较缓慢，对于环境污染的治理微分博弈现有研究局限在水污染治理上，对于大气污染治理的微分博弈研究十分匮乏。

1.2.3 跨域治理相关研究

学者李文星和蒋瑛(2005)将跨域治理定义为：在共同面对公共事务问题和经济发展问题时，若干个地方政府根据相关的协议或规范，把地区之间的资源重新组合分配，以获取最高的经济效益和社会效益的行动。关于跨域治理的研究，大多数学者主要涉及地方政府在区域发展中的合作行为。对于污染治理的跨域研究，大体分为2个方向：①涉及跨域治理概念、模式、体制机制等内容的跨域治理理论研究；②基于实证分析的跨域治理政策研究。

1. *跨域治理的理论研究*

跨域治理作为一种新型的治理模式，国内外学者已经将其广泛地用于解决区域问题，并围绕跨域治理的基本问题分别作了针对性的研究。Nielsen 等(2007)通过实证研究指出，中国有着跨域环境灾害的复杂驱动力。Forsyth(2004)通过对合作环境治理的成功和失败的案例的比较研究，得出为保证合作型环境治理所做的转移不是简单的地点转移，需要不同地区的大量参与者共同参与和协商。Perter(2000)提出不同的跨域治理方式，并从政治与经济的角度对治理模式进行了比较。王佃利和史越(2013)在研究中指出跨域治理在治理理念之上强调“跨域性”，“跨域性”有多种表现形式：上下级政府之间、同级政府之间、政府和社会之间、政府和市场之间、不同的政策领域之间等。张成福等(2012)围绕跨域治理的模式和机制指出，跨域治理实现了政府、企业和公民的网络化互动协作治理，并分析了跨域治理所面临的困境。娄成武和于东山(2011)以西方国家跨界治理的实践为基础，分别从跨域治理的内在动力、典型模式与实现路径三个角度指出，单个国家内的跨界问题随着经济全球化日趋凸显。卓凯和殷存毅(2007)总结欧盟跨界治理经验后得出，区域合作是加快区域协同发展的重要基础，若想推动跨域经济合作需构建符合市场经济特征的跨界治理体系。越来越多的学者开始关注跨域治理，并将其运用到各种公共管理中，而对于雾霾的跨域治理研究尚少，因此本书研究将使雾霾治理和跨域治理理论不断充实。

2. *跨域治理政策研究*

跨域治理研究主要应用于解决区域公共事务，其最终目的是用跨域治理思想制定相关政策建议。已有大量研究在描述跨域治理工作后提出政策建议或改进措施。O'Toole(2000)对于跨域治理政策制定后的执行方式及预期问题进行了分类讨论，得出不同问题的应对策略。Sullivan 和 Skelcber(2002)详细描述公共服务方面的跨域工作，对于雾霾的跨域治理提出了有益的启示。Timothy(2008)在调查 69 个辖区的暴雨排放管理时发现，最影响地方政策制定者严格管理暴雨管理计划的因素就是合作。孙友祥(2011)以跨界治理相关理论为基础，在实证分析武汉城市圈基本公共服务相关问题后，得出必须打破行政区划壁垒，突破各地政府各自为政的困境，构建跨界治理机制，才能使城市圈基本公共服务得以完善。陈玉清(2009)对太湖流域跨界水污染问题进行研究，认为跨界水污染治理一般具有政府主导型模式、私有化模式和自组织模式三种模式。马学广等(2008)指出城镇密集地区的地方公共问题主要呈现出跨区域、跨部门、跨领域等特征，这些公共问题的解决需要地方政府跨越界线，变革单一政府的治理模式。跨域治理理论应用广泛，国内外学者对跨域治理模式、机制等都有所研究，但对建立多元主体的协同跨域治理仍有待进一步。

1.2.4 区域协同治理相关研究

协同治理是治理的一个重要分支。区域协同治理及政府间合作研究起源于欧美发达国家，融汇了环境公共政策理论、发展理论、协同治理理论等，注重分析区域一体化及政府间合作的动机和一般规律。Quan(2012)认为区域合作强调区域的开放、干预、包容和合作，而区域合作实践中存在诸多矛盾和不足，因此，要求建立区域合作联盟，形成利益平衡协调机制。Miterany(2014)认为政治协调是以经济交流合作为基础的，一次成功的合作是下一次合作成功的前提。有人提出外溢这一概念，指出外溢是指各部门和地区在利益权衡基础上，从经济一体化发展到政治一体化的过程(Huygh and Haes, 2016)。Friedman(2016)指出在市场作用下，国内外社会会出现一个核心地区和许多个围绕着核心地区的周边地区。

国内关于政府间合作和区域协同治理的研究起步相对较晚，最初主要围绕地方政府间区域协同治理的范畴、内涵及相关关系等开展研究。陈瑞莲和张紧跟(2002)对政府间关系的现状及政府管理与经济发展间的关系进行探析，率先研究了区域经济合作、区域环境协同治理等问题。林尚立(1998)认为政府间的良好合作能够促进经济社会的发展。随着雾霾等大气污染问题愈发严重，国内对于利用地方政府间的合作处理区域协同问题出现了一个趋势：集中于特定区域的合作研究。张紧跟(2011)在珠江三角洲一体化的管理研究中指出，有效解决多元主体之间在区域问题上的协作共治问题，关键在于协调好区域公共管理主体间的关系。洪银兴和刘志彪(2004)针对长江三角洲地区的城市发展的机制和模式进行研究，挑选4个典型城市提炼出长江三角洲地区城市化发展的基本模式。陈广汉(2003)针对珠江三角洲地区，研究其提升国际竞争力的措施。除以上探究视角外，还有一些学者围绕跨域治理的具体合作领域进行研究。柳春慈(2010)通过区域合作解决公共物品供给问题，指出地方政府是推动经济发展的主要力量，地方政府间应该建立良好的信息沟通机制和约束机制，以实现合作供给公共物品的目标。赵庆年(2009)关注区域高等教育系统的协同发展，区域高等教育存在无序现象，需要区域间合作来搭建规模、结构、质量、效益协调发展的高等教育系统。乌兰(2007)在协调发展背景下集中关注区域旅游业的合作，指出必须建立区域旅游合作协同机制，加强区域旅游规划、组建协同机构、构建合作信息网络平台等。

关于地方政府间的协同治理研究已经形成趋势，但是可以发现在已有的研究中，学者多关注地方政府与地方政府之间的协同合作，而对于多元主体的参与研究仍需要提倡和鼓励，多元化主体实现以后如何与政府建立良好的互助合作关系更应成为未来研究的重点方向，同时关于区域协同治理的影响因素以及实现机制的研究缺乏细化，尚不充分。

1.2.5 简要评述

(1)关于雾霾治理近些年才引起较多的学者关注，现有研究中对于雾霾的治理停留在单一主体的视角上，多强调政府的主导作用。但雾霾治理的主体不只有政府和污染企业，针对雾霾的跨区域特征，对雾霾的多主体跨域协同治理方面的研究尚显匮乏。在雾霾治理研究方法上，已有不少学者应用博弈论方法，但是已有研究成果多侧重于静态博弈，动态博弈的研究较少。

(2)跨域治理理论仍需不断扩充。跨域治理理论的研究，较多用于处理某一区域的跨域社会公共问题，在多元治理主体之间如何建立伙伴关系、如何运用多种治理工具等问题上仍缺乏探讨。区域协同治理的研究已成趋势，在已有成果中，关于其影响因素和实现机制的研究尚需不断补充。同时发现雾霾治理文献在一定程度上存在重复性和抽象性，观点较为单一，而所提对策往往不能结合机制、主体、政策等实际。

(3)从研究趋势上看，雾霾治理研究已经成为社会关注热点，也需有效合理的政策措施来解决。雾霾治理不仅需要掌握各个主体的行为选择，而且需要掌握如何促进多元主体的协同合作。因此，运用博弈论方法对雾霾治理进行行为博弈研究，在此基础上结合协同理论建立多元跨域机制是雾霾治理研究的重要趋势。

1.3 本书研究方法与思路

1.3.1 研究方法

(1) 博弈论。本书中，雾霾治理主体行为选择和跨域合作选择部分，主要运用多主体间的微分博弈方法，构建了政府、污染企业以及跨域政府间的博弈分析模型。运用演化博弈方法构建政府、企业以及公众的三方演化博弈模型，根据其动态复制方程研究各影响因素对策略选择的作用。

(2) 系统动力学。系统动力学是系统科学理论与计算机仿真系统紧密结合，研究系统反馈结构与行为的一门科学。本书在构建雾霾跨域治理的三方博弈后，对其博弈演化过程进行模拟仿真，分析不同影响因素对其策略选择的影响趋势。

(3) 行动者网络理论。在博弈研究基础上，将政府、企业、公众、监测部门等社会或非社会因素作为主体(行动者)，彼此协作，互相依存，构成一个紧密联系的网络，并以此来建立雾霾跨域治理的多元协同机制。

(4) 案例分析法。雾霾跨域治理问题不能“闭门造车”，需要汲取国外的成功案例。本书对英国雾霾治理的成功案例进行分析，从背景环境的陈述到成功治理的原因，找出英国雾霾跨域治理的多元协同经验，为我国提高雾霾治理绩效提供政策建议。

1.3.2 研究思路

本书的研究思路如下：理论分析——行为博弈——系统仿真——风险治理——风险分析——协同机制——政策建议。

(1) 雾霾跨域治理及协同治理理论分析。首先对本书研究领域主要涉及的国内外代表性研究文献进行梳理和评述，包括对雾霾治理、治理博弈、跨域治理、区域协同治理等研究领域的相关文献进行梳理总结，并对现有研究成果进行评述，探讨雾霾治理与跨域协同治理的结合，以此构成雾霾跨域治理的理论基础。

(2) 雾霾跨域治理行为博弈分析。然后基于微分博弈方法，分别对政府与企业之间、跨域政府与政府之间构建微分博弈方程，并采用贝尔曼动态规划方程进行求解，再将各模型在各时点的瞬时利润进行比较，分析得出在雾霾跨域治理过程中各因素如何影响主体决策，同时，采用数值模拟比较跨域合作与非合作间所获利润差异，从而说明跨域合作的必要性。

(3) 雾霾跨域治理三方演化博弈及系统动力学仿真分析。再对雾霾跨域治理涉及的主要主体，即政府、污染企业、公众，进行三方演化博弈，并利用 Vensim 软件对博弈过程进行模拟，以此探讨雾霾跨域治理的多元主体在治理过程的行为选择及主要影响因素。

(4)社会资本嵌入下的雾霾风险治理。采用问卷调查的方式收集数据，构建一个社会资本和雾霾风险治理的框架模型，运用结构方程模型进行实证研究。

(5)雾霾风险评估。基于等级全息建模框架识别雾霾风险，运用风险过滤评级与管理方法(RFRM)对各类别风险源进行初步筛选、过滤和评级，建立雾霾风险评价的故障树模型，并利用 Bow-tie 模型分析雾霾风险防控措施。

(6)雾霾跨域治理的融合共识研究。结合综合集成研讨厅和物理-事理-人理系统方法论(WSR)，建立促进雾霾治理利益相关者达成共识的流程框架，建立研讨共识度模型，得出在权重不变的条件下，专家组之间通过改变分歧度，达成共识收敛，或是调整备选方案，再次进行共识度的评估，最终实现融合共识。

(7)多元协同机制建立。构建雾霾跨域治理多元协同治理机制，从行动者网络理论的角度分别通过构建参与沟通网络、利益协调网络、公众共管网络、预防与监控网络，来具体构建雾霾跨域治理的多元协同机制。

(8)雾霾跨域治理相关政策建议。运用案例分析和比较研究，对英国雾霾治理的成功案例进行经验总结，并结合我国社会发展特点制定符合我国雾霾跨域治理需要的相关政策。

第 2 章　雾霾跨域治理的相关理论

2.1　跨域治理理论

广义的跨域治理是指跨越不同范围的行政区域，构建协同合作的治理体系，以解决区域内地方资源与建设不协调的问题。狭义的跨越治理是指跨越刚性行政区划边界的问题，这是通过政府、企业、第三方组织与公众等多元主体一起商议协作，以实现跨域公共事务的治理绩效。

跨域治理是一种协作治理，强调多元主体共同完成。一般跨域治理包括 3 种基本类型：①垂直型协作治理(纵向层面)，这种类型的跨域治理摒弃了指挥命令式的等级关系，而崇尚不同层级政府在平等的条件下联合共治，即实现中央政府和地方政府、上下级地方政府间的合作治理；②水平型协作治理(横向层面)，该类型放弃了地方之间的恶性竞争关系，实现平行政府间的同等协作治理；③跨部门协作治理，即地方政府与企业、非政府组织和公民社会的合作，其超越了简单的民营化和效率追求的战略性伙伴关系，是公民参与、地方政府塑能和地方民主化进程的体现。

跨域治理具有鲜明的特点：①跨域治理的主体具有多元性。政府、非营利组织、市场和公众等都可以作为跨域治理的主体。张成福等(2012)指出政府在跨域治理中居于主导地位，但这并不代表政府也是治理的权威核心，非营利组织、市场和公众等的思想和意识都会直接影响跨域的治理效果。②跨域治理过程具有互动性。与传统的局限于政府单向指挥的行政区行政治理不同，跨域治理更重视主体间的沟通、谈判、协商、合作等互动，这种互动建立在彼此间平等前提之下。③跨域治理是一种网络化治理。跨域治理具有多种模式，包括纵向治理、横向治理和跨部门治理等。决策层可以依据跨域公共问题的不同环境背景、不同类型来选择适当的治理模式。④跨域治理目标具有长远性。跨域治理是一种网络化的治理，这种网络化追求的不只是治理的效率，还有治理的价值。因此，在跨域治理过程中要合理考虑各方利益，在有效处理问题的基础上使政府治理能力得到提高，确保公民有效参与。

跨域治理是一种多元主体参与的协作治理，超越了狭隘的地方主义，以解决区域问题和促进区域发展为出发点，不只是局限于关注政府的组织变革和流程优化，而是关注公私伙伴关系的建立，鼓励地方政府间以及与非政府组织之间的联合协作，对未来治理的发展和变革提供方向。跨域治理补充传统政府治理的缺陷，对解决当前区域问题、促进区域协同治理、实现区域可持续发展具有重要意义。跨域治理的时代需要整个社会团体真正树立起共享、共赢、团结协作的理念，这样跨域治理才能真正发挥其优势作用，成为解决跨域公共问题的重要途径。

2.2　协同理论

协同是通过某一系统中的子系统或相关要素间彼此合作，使整个系统处于稳定有序的状态，使系统在质和量两方面产生更大功效，进而演绎出新的功能，实现系统整体增值。对于协同已有应用于不同领域的不少研究，李海婴和周和荣(2004)在分析以往研究基础上，针对敏捷企业的协同特点、协同动因、协同方式以及协同实现形式等方面揭示企业的协同运行机理。吴文征(2011)将网络协同应用于对物流园区的研究，他把每个物流园区看作一个开放主体，物流园区的网络协同就是与其他节点共享资源、通力合作实现信息共享和资源整合。任泽涛和严国萍(2013)指出发展协同治理需要通过建立健全协同治理的实现机制才能达成。很多学者均对协同已经有一定程度的研究，在对协同治理的应用领域和概念上不同学者有不同的理解，但“参与”“协商”“谈判”“合作”“共同行动”等关键词均不会缺少，协同治理是解决复杂难解公共事务的有效方法和新思路。

本书认为针对跨域雾霾治理的协同是政府、经济社会组织等多元主体在一个既定的范围内，以既存的法律法规为共同规范，以维护和增进公共利益为目标，在政府主导下通过积极参与、广泛协商、平等合作以及共同行动，共同管理社会公共事务的过程以及这一过程中所采用的各种方式总和。

此概念至少包含如下 5 层含义。①政府并非是唯一主体，在社会公共事务的处理过程中，经济组织、社会组织和社会公众都可以成为合法的治理主体。②协同治理的最终目标和根本宗旨是维护和增进公共利益。③必须以现有的法律法规为共同规范，以政府为主导，多元主体积极参与，广泛协商，平等合作，共同行动。④在协同治理过程中，政府以及其他主体的参与都具有权威性，而不只限于政府。⑤协同治理超越了传统政府治理的方式，是一个动态过程，聚集了许多新的治理方式。在共同处理复杂社会公共事务过程中，协同治理弥补了传统单一主体治理的缺陷，强调多元主体间关系的互动、结构的联合以及资源的共享。

20 世纪 80 年代以后，随着全球化、城市化和区域一体化的推进，地区之间的联系不断深化和密切。传统的依靠地方政府各自为政的管理模式已不能适应新时期的要求。区域协同治理逐渐发展成一个遍及全世界国际性现象，我国也正努力通过体制改革、探索区域协同治理的新形式。

在区域协同治理中，地方政府的主要职能是处理好政府、市场与公民三者间的关系，实现三者间的良性互动。实行区域协同治理即促进政府的机构改革和完善功能，在建立健全公民自组织、加快适度且均衡的公民参与的基础上，完善匹配的市场机制，增强市场机制的功能作用，即实现政府治理变革、市场调节和公民参与的合理契合，建立一个公平公正、合理高效的区域协同治理模式。

2.3　行动者网络理论

行动者网络理论(Actor-Network Theory，ANT)，是 20 世纪 80 年代中期由法国社会学家米歇尔·卡龙、布鲁诺·拉图尔和英国社会学家的约翰·劳等提出的科学知识社会学理论。该理论把参与科学知识建构的各种异质因素都看作地位平等的行动者，在特定场域下多重行动者相互作用产生科学知识、技术成果等。

行动者网络理论主要涉及异质行动者、广义对称性、转译和强行通行点等理论概念。异质行动者是指网络中包括人类行动者和非人类行动者，如技术、组织群体及道德等，是网络建构中所有发挥作用的因素；广义对称性又称对称性原则，是指行动者网络中，对人类行动者和非人类行动者以同等重要的方式进行分析，研究彼此间的联系和作用；转译是行动者网络形成过程中，彼此间相互作用的途径；强行通行点是行动者网络构建过程中必须排除的困难和障碍。被转译的行动者对其进入网络后自身的转变感到满意后，转译所界定的角色才能成为强行通行点。

行动者网络理论具有两个关键特征即异质性和稳定性。异质性是指参与网络行动的要素是异质的，其包含了“人”与“非人”、“主体”与“客体”、“社会”与“自然”等不同的利益既得者、不同目的实现者。同时，网络是动态的，关于网络的行动者是平等的，没有外部和内部之分。行动者网络的稳定性表现在网络是由各种成分所展开的力量之间的关系，不仅是有效解决问题的，而且是能够聚集的。

行动者网络理论利用网络模型来刻画社会实体关系，认为网络结构的环境对单一行动者提供了机会与限制，个人、群体或组织的行为及获取的资源受到与其他网络成员之间关系的影响。行动者网络理论强调联合行动网络的价值，重视行为主体之间的功能(利益)协调与整合，主张通过社会行动者之间的沟通、谈判、协作等社会互动将社会冲突转化为秩序，为多行为主体社会互动分析提供独特的视角和方法。

2.4　雾霾跨域治理多元协同整合框架

雾霾是雾和霾的混合物，是一种能见度较低的天气状况。雾是自然天气现象，本身不构成大气污染，是指因水汽凝结导致水平能见度低于1km的天气现象。霾是一种由污染物导致的水平能见度较低的空气混浊现象，颜色一般发黄或灰。雾霾的主要污染物是SO_2、NO_x以及直径小于2.5μm的可吸入颗粒。

近年来，我国的雾霾污染频频爆发，程度愈加严重，已经给气候、环境、经济发展、公众健康和生活方式等带来越来越多的负面影响。1961年起，雾霾污染的持续时间已达到最高，其影响范围也很广，对全国74个城市的SO_2、NO_2、PM_{10}、$PM_{2.5}$的年均值、日均值和最大8小时均值进行评价，仅有3个城市空气质量达标。雾霾已经不是完全的自然现象，它也与人类的社会经济生活密切相关，工业生产排放、汽车尾气、燃煤废气、建筑工地和道路交通扬尘等都是造成雾霾现象的主要原因。

在雾霾的众多特点中，区域性特征突出。京津冀、长三角、珠三角等经济发达地区受雾霾影响最严重。雾霾的跨区域影响表现明显。相邻地区的雾霾污染通常表现出明显的相似性。这是因为受大气环流及大城市规模不断扩张和区域经济一体化发展影响，雾霾污染物在相邻省份及城市间扩散。

我国已经认识雾霾污染的严重性，也采取了一系列治理措施，如工厂上缴排污费、安装脱硫脱硝装置、车辆单双号限行、设置空气污染检测设备等。但是在雾霾治理过程中仍存在大量问题影响治理效果。首先，目前我国雾霾治理的主要模式是上级部门制定任务，而地方政府执行。这种情况下治理主要是以政府行政手段为主，而像企业或者其他环保组织缺乏环保治理动力，从而影响治霾效果。雾霾治理不应该只是政府的事情，污染企业、社会公众等都应承担起治理雾霾的责任，提高积极性和主动性。另外，我国雾霾治理存在地区协同不足的问题，各个地区和城市之间缺乏合作，以自我为中心。这种现象是由不同区域城市之间的经济发展、空气污染程度以及对雾霾重视程度差异和分歧造成的。为应对此问题，有地区环保部门组织建立雾霾治理区域协调小组，但是这样的小组也存在一定问题，权威性不够、领导归属问题、对相关问题流于形式等，没有在雾霾协调治理方面发挥出应有作用。

我国治理雾霾污染问题必须进行跨区域的协同治理。雾霾的跨区域特点说明地方政府很难通过自身的工作和措施进行治污。加强区域的雾霾治理协同联动，联合周边区域的信息共享和协同执法等综合措施来实行跨区域的雾霾协同治理，才能真正解决雾霾污染问题。治理雾霾污染必须引导和激励企业和市民踊跃加入到雾霾污染治理中，构建雾霾跨域治理的多元协同机制。在协同机制提出时，运用行动者网络理论将影响雾霾跨域治理的各重要影响因素作为协同网络对象，可以全面地勾勒出雾霾跨域治理的多元主体的管理模式和利益驱动，拓宽雾霾治理的视角和范围，使得任何行动者和任何影响力量均能彼此联系，并在整个协同网络中发挥重要作用。本书以此建立雾霾跨域治理的多元协同机制(图 2.1)。

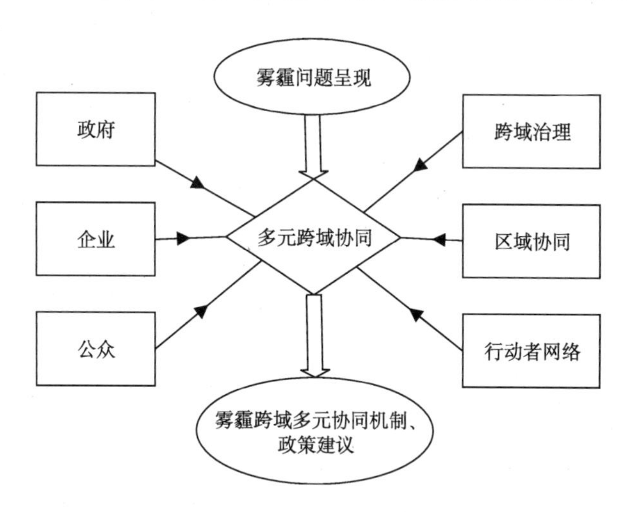

图 2.1　雾霾治理与跨域协同理论的契合

由于雾霾明显的跨域特征以及地区协同不足的现象，要求当前的雾霾治理需要结合跨域治理理论、区域协同理论及行动者网络理论，从而实现雾霾跨域治理的多元协同，高效开展雾霾治理。

此外，我国已经具备跨域协同治理雾霾的制度优势。2010 年 5 月 11 日，国家环保部等九部委共同制定了《关于推进大气污染联防联控工作改善区域空气质量的指导意见》，指出“解决区域大气污染问题，必须尽早采取区域联防联控措施”，并提出“到 2015 年，建立大气污染联防联控机制”。2013 年 9 月，《大气污染防治行动计划》明确规定要建立京津冀、长三角、珠三角区域大气污染协同治理机制，由区域内省人民政府和国务院有关部门参与，协调解决区域突出环境问题，组织实施环评会商、联合执法、信息共享、预警应急等大气污染防治措施，这是有史以来最为严格的大气治理行动计划。由此可见，跨域协同治理已经成为雾霾治理的主要方向，提高雾霾治理效率需要建立有效的跨域协同机制和政策措施。

第 3 章　雾霾跨域治理微分博弈

3.1　微分博弈问题描述

3.1.1　微分博弈简介

博弈是指一个或几个拥有绝对理性思维的人或团队，在一定条件下，遵守一定的规则，从各自允许选择的行为或策略中进行选择并加以实施，并从中取得相应结果或收益的过程。一个完整的博弈包括：参与者、行动、信息、策略、支付、目标、行动顺序、结果和均衡。

在一个博弈中，其中一位参与者之前的行动影响其在某一时点的行动则是动态博弈，反之为静态博弈。动态博弈中若有 2 个或 2 个以上的阶段，就是离散动态博弈；如果每个阶段的时间差收敛至最小极限，那么博弈便成为一个时间不间断的动态博弈，又称为微分博弈，可记为$\Gamma\left(x_0,T-t_0\right)$，$x_0$表示博弈的初始状态，$T-t_0$表示博弈的持续时间。

一般地，在一个微分博弈中，n 个参与者$i\in N=\{1,2,3,\cdots,n\}$，目标函数或支付函数表示为

$$\max_{u_i}\int_{t_0}^{T}g^i\left[s,x(s),u_1(s),\cdots,u_n(s)\right]\mathrm{d}s+Q^i[x(T)] \tag{3.1}$$

此处$g^i(\cdots)\geqslant 0$表示参与者的瞬时支付，$Q^i[x(T)]\geqslant 0$表示博弈的终点支付，$s\in\left[t_0,T\right]$。目标函数(3.1)受制于确定性的动态系统

$$\dot{x}\left(s\right)=f\left[s,x(s),u_1(s),\cdots,u_n(s)\right],x(t_0)=x_0 \tag{3.2}$$

其中，$f(\cdots)$、$g^i(\cdots)$、$Q^i(\cdots)$都是可微分的。

在微分博弈中，每个博弈方都有自己的支付函数，这些支付函数取决于一个决定性的动态系统即状态变量变化所依赖的系统。在静态博弈中，博弈方的选择称为策略，而在微分博弈中，策略则称为控制。在微分博弈的框架中，控制是依靠时间和系统状态变化的，获得的反馈纳什均衡解是马尔可夫完美的。

微分博弈中的博弈参与者可以在无限小的时间段内改变自己策略，它把博弈理论扩展到了连续时间上。就雾霾治理微分博弈而言，它充分考虑企业排污的累积过程对大气的破坏，对整个博弈的影响，其实质是博弈方在一个时间区间上做

出决策。雾霾污染控制过程是一个动态变化过程，由于信息不对称，有限理性的参与行为主体间，一次决策很难实现特定均衡，参与人之间需通过相互作用动态变化的博弈才能达到最终平衡。因此，用微分博弈研究雾霾跨域治理来弥补传统博弈方法的不足。

3.1.2 问题描述

在雾霾治理过程中，雾霾治理的相关利益主体是基于各自利益和价值的考量，从而进行彼此博弈、相互妥协而做出次优选择。雾霾天气的产生不仅是天灾，更是人祸。具体而言，雾霾等环境灾害的主因是政府与市场的双重失灵，是政府的政策价值导向所致。防治雾霾是当前政府政策必须重点关注的领域。雾霾的跨区域特征要求地方政府间加强协同合作，而在此过程中牵涉到多个利益主体。

1. 政府与污染企业之间

雾霾的主要污染物是 SO_2、NO_x 以及 $PM_{2.5}$。这些污染物的直接制造者是企业。企业生产过程中排放的废气，很大程度上影响着当地甚至周边地区的大气环境。企业追求成本最低、利润最大，这种成本和效益的极端不对称性使企业不断地污染。而政府作为监管者，疏于监管或者监管不严的情况下，会导致污染物任意排放；甚至在政府监督并要求安装使用减排装置的情景下，企业也会或明或暗进行抵制，这使政府不得不为经济社会的发展考虑企业利益，使各主体在不断的博弈中达到均衡。

2. 中央政府与地方政府之间

雾霾治理问题中，中央政府和地方政府之间也存在着博弈关系，表现在若中央政府监管不严的情况下，地方政府为了自身的利益在某种程度上存在与企业合谋的现象，即地方政府不对污染企业进行监管，使企业污染行为得不到制止，雾霾治理毫无效果；而当中央政府采取严格的监管措施，这将促使地方政府加大对企业的监管力度。因此，中央政府与地方政府之间在不断地博弈中寻求最优策略。

3. 跨域地方政府与地方政府之间

雾霾具有跨域性和扩散性等特征，在某区域形成雾霾后可能会扩散到其他区域，污染片区不局限于本地；即使本地进行清污治理，效果也是暂时的，并不能从根源上解决问题。当扩散到周围区域时，考虑到治理雾霾的成本，本区域政府会趋向选择不再治理，而坐享其他区域治理雾霾的成果；地方政府同时会考虑其长远利益，而选择与其他政府合作治理雾霾；另外，国家对于控污治霾的权责规定不明确，存在多部门权力交叉但不界定的情况，地方政府陷入进行跨域合作与不合作抉择的两难境地。

因此，本书的微分博弈分两个方面：①政府(包括中央政府)与污染企业的微分博弈，这一部分主要从纵向分析跨域治理的主体行为选择，研究政府作为雾霾治理的主导者，其行为决策如何影响污染企业的行为；②地方政府之间的微分博弈，从横向研究雾霾跨域治理主体的选择。

3.2　污染企业与政府的雾霾治理微分博弈

3.2.1　基本假设及参数设定

在雾霾跨域治理中，假设参与博弈的主体是一个上级政府、一个地方政府和n家排污单位，在连续时间$s \subset [t_0, t]$内，大气运动不显著。对于任意的时间s，任何一家企业都会产生并排放一定量的污染物，这些污染物是造成雾霾的主要原因。这些污染物的排放量很大程度上影响着大气动态系统，关系着雾霾的生成。企业符合“理性经济人”假设，为了降低生产成本会超标排放大气污染物。然而雾霾形成之后，不仅给政府造成损害，也会给企业带来损害成本，它是关于雾霾污染物数量的线性函数。

企业通过生产获利，而生产会产生相应的雾霾污染物，即产量与污染物排放量相关。政府监督的介入，会促使企业对生产过程中的雾霾污染物进行治理，企业的治理产生相应的控污成本。

政府自身也会进行治霾行动，产生治霾成本。在此过程中，上级政府会对下级政府的治霾政绩进行奖励或惩处，奖惩水平与环保政绩线性相关。

据此各治理主体的博弈关系、成本收益及参数设置如图 3.1 所示。

图 3.1 中描述了上级政府、地方政府与污染企业间的线性关系，其中c_1表示企业在政府监督下，治理雾霾污染物的成本函数，c_1是凹函数，即$c_1'' > 0$；c_2表示政府治霾的成本函数，c_2是凹函数，$c_2'' > 0$。另外用$q_i(s)$表示企业i在时间s的产量；$e_i(s)$表示企业产量所对应的雾霾污染排放量；$e_i(s) = \gamma q_i(s)$，$\gamma > 0$；ρ表示折现率，政府与企业的折现率一致。

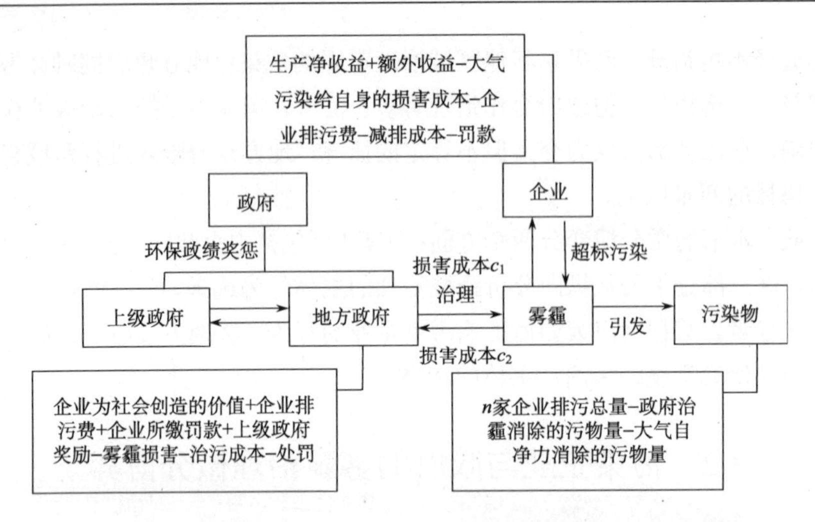

图 3.1　上级政府、地方政府与企业治霾的微分博弈关系示意图

3.2.2　各变量动态变化表达式

1. 雾霾污染物动态变化表达式

雾霾污染物与企业产生的污染物及各主体通过努力而减少的污染物之间有关，具体表达式为

$$\dot{P}(s)=\sum_{j=1}^{n}[e_j(s)-\tau e_j(s)]-\beta u(s)-\delta P(s),\ P(s_0)=P_0 \tag{3.3}$$

其中，$\dot{P}(s)$ 与三个变量相关，分别是：$\sum_{j=1}^{n}[e_j(s)-\tau e_j(s)]$、$\beta u(s)$ 以及 $\delta P(s)$。$P(s)$ 表示形成雾霾的主要污染物数量水平；$\dot{P}(s)$ 表示 $P(s)$ 的动态变化；$e_j(s)$ 表示 j 企业生产活动产生的污物量，但不一定都会排入大气造成污染；$\tau e_j(s)$ 表示企业通过努力而减少的污物量，$0<\tau<1$；$\sum_{j=1}^{n}[e_j(s)-\tau e_j(s)]$ 表示 n 家企业排出的雾霾污染物总量；$\beta u(s)$ 表示政府通过治霾实践 $u(s)$ 而消除的大气中的污染物含量；β 表示政府单位治霾努力消除的污物量，$\beta>0$；$\delta P(s)$ 表示自然消散的污染物的量；P_0 表示雾霾污染物在时间 t_0 时的初始值。

2. 雾霾跨域治理情境下的企业目标函数

在雾霾治理中，企业的目标函数涉及企业的收入和企业的费用。其中，企业的收入=企业生产的净收益+企业超标排污获得的额外收益；企业的净收益=生产效用-生产成本；企业的成本、费用=雾霾损害成本+排污费+减排成本+超排被发现后所缴罚款。

因此设立企业的目标函数为

$$\int_{t_0}^{t}\left\{a_i e_i(s)-\frac{v_i}{2}e_i(s)^2+k[e_i(s)-\tau e_i(s)-\bar{e}_i]-bP(s)-R[e_i(s)-\tau e_i(s)]\right.$$
$$\left.-\frac{c_1}{2}[\tau e_i(s)]^2-\alpha(s)g[e_i(s)-\tau e_i(s)-\bar{e}_i]\omega\right\}\mathrm{e}^{-p(s-t_0)}\mathrm{d}s \tag{3.4}$$

在式(3.4)中，$a_i e_i(s)-\frac{v_i}{2}e_i(s)^2$ 表示企业的净收益，它与 $e_i(s)$ 相关，a_i 表示效用系数，v_i 表示成本系数，$a_i>0, v_i>0$；$k[e_i(s)-\tau e_i(s)-\bar{e}_i]$ 表示因企业超排而得到的额外利益，$\bar{e}_i$ 表示企业 i 允许被排出的最高污物量，k 表示每单位超排污物给企业带来的利益，$k>0$；$bP(s)$ 表示雾霾带给企业的损害成本，$b\geqslant 0$；$R[e_i(s)-\tau e_i(s)]$ 表示企业 i 向地方政府上缴的排污费，R 表示单位排污的排污费；$\frac{c_1}{2}[\tau e_i(s)]^2$ 表示企业 i 为了减少 $\tau e_i(s)$ 的污物量所需的治污成本，$c_1>0$；$\alpha(s)g[e_i(s)-\tau e_i(s)-\bar{e}_i]\omega$ 表示污染企业超标排污所缴纳的罚款额，ω 表示对于污染物超标排放的单位罚款额，$\alpha(s)g$ 表示企业超排雾霾污染物被发现的概率，g 表示政府环保政绩的水平，$\alpha(s)$ 表示对雾霾治理效果考核的重要性。对治霾的成效越重视，地方政府对环境的监督力度就越强。

3. 雾霾跨域治理情境下的政府目标函数

政府的目标函数涉及政府的收入及损失的差值，(地方)政府的收入=企业创造的物质价值+企业排污费+企业缴纳的罚款+上级政府的奖励；政府的成本=雾霾造成的利益损害+治霾成本+考核未合格上级政府的处罚。

因此，设立政府的目标函数为

$$\int_{t_0}^{t}\left\{\sum_{j=1}^{n}[a_j e_j(s)-\frac{v_j}{2}e_j(s)^2]+\sum_{j=1}^{n}R[e_j(s)-\tau e_j(s)]+\sum_{j=1}^{n}\alpha(s)g[e_j(s)-\tau e_j(s)-\bar{e}_j]\omega\right.$$
$$\left.+\frac{\sigma\alpha(s)}{2}[gu(s)-g_0u_0(s)]-\mu P(s)-\frac{c_2}{2}\left[\beta u(s)\right]^2\right\}\mathrm{e}^{-p(s-t_0)}\mathrm{d}s \tag{3.5}$$

其中，$\mu P(s)$ 表示雾霾给当地居民造成的利益损害，$\mu>0$；$\frac{c_2}{2}\left[\beta u(s)\right]^2$ 表示政

府治霾成本，$c_2>0$；$\sum_{j=1}^{n}[a_je_j(s)-\frac{v_j}{2}e_j(s)^2]$ 表示企业生产为社会创造的价值，为国家 GDP 增长做出贡献；$\sum_{j=1}^{n}R[e_j(s)-\tau e_j(s)]$ 表示政府收取的企业排污费；$\frac{\sigma\alpha(s)}{2}[gu(s)-g_0u_0(s)]$ 表示对地方政府治霾成效的奖惩；σ 表示奖罚的力度，$\sigma>0$；$gu(s)$ 表示地方政府的治霾努力和治霾成效的乘积，$u(s)$ 表示政府的均衡治污努力水平；$g_0u_0(s)$ 表示一个临界值，g_0 与 $u_0(s)$ 均为上级政府给各地规划的政绩标准值；$gu(s)>g_0u_0(s)$ 时，$\frac{\sigma\alpha(s)}{2}[gu(s)-g_0u_0(s)]$ 表示奖励；$gu(s)<g_0u_0(s)$ 时，$\frac{\sigma\alpha(s)}{2}[gu(s)-g_0u_0(s)]$ 表示处罚。

3.2.3 模型求解

首先构造一组有界、连续、可微的价值函数 $V_c(P)$、$V_g(P)$，使得式(3.3)存在唯一连续的解 $P(s)$，故构造哈密顿-雅可比-贝尔曼(HJB)方程式。

$$\begin{aligned}\rho V_c(P)=\max_{e_i(s)\geqslant 0}\Big\{&a_ie_i(s)-\frac{v_i}{2}e_i(s)^2+k[e_i(s)-\tau e_i(s)-\bar{e}_i]-bP(s)\\&-R[e_i(s)-\tau e_i(s)]-\frac{c_1}{2}[\tau e_i(s)]^2-\alpha(s)g[e_i(s)-\tau e_i(s)-\bar{e}_i]\omega\\&+V_c'(P)\{[e_j(s)-\tau e_j(s)]-\beta u(s)-\delta P(s)\}\Big\}\end{aligned}\tag{3.6}$$

$$\begin{aligned}\rho V_g(P)=\max_{u(s)\geqslant 0}\Big\{&\sum_{j=1}^{n}[a_je_j(s)-\frac{v_j}{2}e_j(s)^2]+\sum_{j=1}^{n}R[e_j(s)-\tau e_j(s)]\\&+\sum_{j=1}^{n}\alpha(s)g[e_j(s)-\tau e_j(s)-\bar{e}_i]\omega+\frac{\sigma\alpha(s)}{2}[gu(s)-g_0u_0(s)]-\mu P(s)\\&-\frac{c_2}{2}[\beta u(s)]^2+V_g'(P)\Big\{\sum_{j=1}^{n}[e_j(s)-\tau e_j(s)]-\beta u(s)-\delta P(s)\Big\}\Big\}\end{aligned}\tag{3.7}$$

一阶条件下，式(3.6)右侧关于 $e_i(s)$ 最大化得到

$$a_i-v_ie_i(s)+k(1-\tau)-c_1\tau^2e_i(s)-\omega\alpha(s)g(1-\tau)+V_c'(P)(1-\tau)n=0$$

即

$$e_i(s)=\frac{a_i+k(1-\tau)-R(1-\tau)-\omega\alpha(s)g(1-\tau)+V_c'(P)(1-\tau)n}{v_i+c_1\tau^2} \tag{3.8}$$

一阶条件下，式(3.7)右侧关于$u(s)$最大化得到：

$$\frac{\sigma\alpha(s)}{2}g-c_2\beta^2u(s)-\beta V_g'(P)=0$$

即

$$u(s)=\frac{\frac{\sigma\alpha(s)}{2}g-\beta V_g'(P)}{c_2\beta^2} \tag{3.9}$$

为得到线性价值函数，令$V_c(p)=l_1+m_1P(s)$，$V_g(P)=l_2+m_2P(s)$，其中l_1、m_1、l_2、m_2均为常数。将$V_c'(p)=m_1$，$V_g'(P)=m_2$代入式(3.6)和式(3.7)中得到：

$$\begin{aligned}\rho[l_1+m_1P(s)]=&a_ie_i(s)-\frac{v_i}{2}e_i(s)^2+k[e_i(s)-\tau e_i(s)-\bar{e}_i]-bP(s)-R[e_i(s)\\&-\tau e_i(s)]-\frac{c_1}{2}[\tau e_i(s)]^2-\alpha(s)g[e_i(s)-\tau e_i(s)-\bar{e}_i]\omega\\&+m_1\left\{\sum_{j=1}^{n}[e_j(s)-\tau e_j(s)]-\beta u(s)-\delta P(s)\right\}\end{aligned} \tag{3.10}$$

$$\begin{aligned}\rho[l_2+m_2P(s)]=&\sum_{j=1}^{n}[a_je_j(s)-\frac{v_j}{2}e_j(s)^2]+\sum_{j=1}^{n}R[e_j(s)-\tau e_j(s)]\\&+\sum_{j=1}^{n}\alpha(s)g[e_j(s)-\tau e_j(s)-\bar{e}_i]\omega+\frac{\sigma\alpha(s)}{2}[gu(s)-g_0u_0(s)]-\mu P(s)\\&-\frac{c_2}{2}[\beta u(s)]^2+m_2\left\{\sum_{j=1}^{n}[e_j(s)-\tau e_j(s)]-\beta u(s)-\delta P(s)\right\}\end{aligned} \tag{3.11}$$

可得：

$$\rho m_1P(s)=-bP(s)-m_1\delta P(s) \tag{3.12}$$

即，$m_1=\dfrac{-b}{\rho+\delta}$

$$\rho m_2P(s)=-\mu P(s)-m_2\delta P(s) \tag{3.13}$$

即，$m_2=\dfrac{-\mu}{\rho+\delta}$

则有
$$V_c'(P)=m_1=\frac{-b}{\rho+\delta},\quad V_g'(P)=m_2=\frac{-\mu}{\rho+\delta} \tag{3.14}$$

将上述系数代入式(3.8)和式(3.9)，即得到反馈纳什均衡策略$[e^*{}_i(s),u^*(s)]$分别为

$$e^*{}_i(s)=\frac{a_1+k(1-\tau)-R(1-\tau)-\omega\alpha(s)g(1-\tau)-\dfrac{b}{\rho+\delta}(1-\tau)n}{v_i+c_1\tau^2} \tag{3.15}$$

$$u^*(s)=\frac{\dfrac{\sigma\alpha(s)}{2}g+\dfrac{\mu\beta}{\rho+\delta}}{c_2\beta^2} \tag{3.16}$$

3.2.4 结果分析

(1)企业均衡污染物产量$e^*{}_i(s)$与治霾成效考核的重要性$\alpha(s)$负相关，其下降梯度为$\frac{\omega g(1-\tau)}{v_i+c_1\tau^2}$。$e^*{}_i(s)$对$\alpha(s)$进行求导，得$\frac{\partial e^*{}_i(s)}{\partial\alpha(s)}=\frac{\omega g(\tau-1)}{v_i+c_1\tau^2}$，$0<\tau<1$且$\omega$、$g$、$v_i$、$c_1$都大于0，所以$\frac{\omega g(\tau-1)}{v_i+c_1\tau^2}<0$，说明$e^*{}_i(s)$与$\alpha(s)$负相关，其下降梯度为$\frac{\omega g(1-\tau)}{v_i+c_1\tau^2}$。当上级政府越来越重视对环保政绩的考核时，地方政府也会更加重视环保政绩。在此背景下，地方政府会加大排污企业的监督力度，积极采取更有效的措施来控制雾霾污染物的排放，从而会使企业超排、偷排等不法行为得到明显减少。降低企业的均衡污染物排量，也会对雾霾治理起到显著的推动作用。

(2)政府的均衡治污努力$u^*(s)$与治霾成效考核的重要性$\alpha(s)$正相关，其上升梯度为$\frac{\sigma g}{2c_2\beta^2}$。$u^*(s)$对$\alpha(s)$进行求导，得$\frac{\partial u^*(s)}{\partial\alpha(s)}=\frac{\sigma g}{2c_2\beta^2}$，$\alpha$，$\beta$，$g$，$c_2$都大于0，则$\frac{\sigma g}{2c_2\beta^2}>0$，所以$\frac{\partial u^*(s)}{\partial\alpha(s)}$恒大于0，说明$u^*(s)$为单调递增函数。政府均衡治污努力会随环保政绩考核重要性的提高而上升，从而获得更好的治霾的效果。

(3)企业的均衡污染物产量$e^*{}_i(s)$与单位排污费R负相关，其下降梯度为$\frac{(1-\tau)}{v_i+c_1\tau^2}$。$e^*{}_i(s)$对$R$进行求导，得$\frac{\partial e^*{}_i(s)}{\partial R}=\frac{-(1-\tau)}{v_i+c_1\tau^2}$，$v_i$和$c_1$都大于0且$0<\tau<1$，则$\frac{-(1-\tau)}{v_i+c_1\tau^2}<0$，所以$\frac{\partial e^*{}_i(s)}{\partial R}<0$，说明企业的均衡污染物产量$e^*{}_i(s)$与政府收取

的单位排污费 R 负相关。生产成本会随着单位排污费的提升而升高。企业为减少上缴的排污费来降低成本，就会选择减少污染物的排放，采取一系列措施使污染物排放得到控制，从而抑制企业排污。

(4) 企业降低控污成本，可提高环保政绩考核的控污效果。削减生产成本，也有助于治霾。企业减排成本 c_1 降低，与环保政绩考核重要性对应的企业污染物生产量的下降梯度 $\frac{\omega g(1-\tau)}{v_i + c_1\tau^2}$ 增大，表明企业降低减排成本，政府环保政绩考核的控污效果会进一步加强。同理，降低企业的生产成本 v_i，企业污染物产量的下降梯度 $\frac{\omega g(1-\tau)}{v_i + c_1\tau^2}$ 增大，表明企业降低生产成本，会使政府环保政绩考核的控污效果得到提高。

(5) 提高对企业超标排污的罚款额 ω，可提高治霾成效。$e^*{}_i(s)$ 对处罚力度 ω 进行求导，得 $\frac{\partial e^*{}_i(s)}{\partial \omega} = \frac{-\alpha(s)g(1-\tau)}{v_i + c_1\tau^2}$，$0<\tau<1$ 且 $\alpha(s)$，g，v_i，c_1 都大于 0，所以 $\frac{-\alpha(s)g(1-\tau)}{v_i + c_1\tau^2}<0$，说明 $e^*{}_i(s)$ 与 ω 负相关，即对排污企业的惩罚力度越大，罚款额越高，直到当企业上缴的超排罚款金额大于其治污的成本时，企业就会放弃超标排污。

(6) 上级政府加大对地方政府环保政绩的奖罚力度 σ，可提高其治污努力水平。$u^*(s)$ 对奖罚力度 σ 进行求导，得 $\frac{\partial u^*(s)}{\partial \sigma} = \frac{\alpha(s)g}{2c_2\beta^2}$。$\alpha(s)$，$g$，$c_2$，$\beta$ 都大于 0，所以 $\frac{\alpha(s)g}{2c_2\beta^2}>0$，说明 $u^*(s)$ 与 σ 正相关。这指出只有当环保绩效考核真正影响到地方政府的利益时，地方政府才会投入更多动力，才会花费更多精力到雾霾治理。因此，上级政府应加大对地方政府的环保政绩考核的奖惩力度。

(7) 政府降低治霾成本 c_2，可提高其均衡治霾努力水平 $u^*(s)$。政府的治霾成本 c_2 降低，$u^*(s)$ 相对于环保政绩考核的重要性 $\alpha(s)$ 的上升梯度 $\frac{\sigma g}{2c_2\beta^2}$ 增大，表明政府降低治霾成本，其均衡治霾努力会进一步上升，从而推动跨域治霾的开展。

3.2.5　讨论与启示

上级政府与地方政府的微分博弈中，上级政府加强对地方政府的政绩考核和治霾成效考核，会使地方政府治霾努力增加，重视对排污企业的监督。随之会有效抑制企业的排污量，因而达到较好的治霾效果。此外，上级政府加大对地方政府治霾水平的奖惩力度，可提高地方政府的治霾努力水平，促使地方政府投入更多努力治理雾霾，从而减少大气污染物，降低雾霾发生的概率。政府降低治霾成本，可使均衡治霾努力水平提升，从而更好地对企业排污进行监督，并对当地民众有更高号召力。在雾霾治理过程中，上级政府对地方政府的监督作用很明显，中央政府表现出绝对权威力和监督执行力。上级政府在监管地方政府跨域合作时，可以组建专门的监督委员会，明确跨域合作政府间的责任与权利，减少由于地方政府自利性对合作造成的破坏，同时解决跨域合作中的摩擦和争议，使区域间的雾霾治理有长久的地方政府合作机制。

由跨域地方政府与排污企业的微分博弈分析结果可以看出：①政府向企业收取的单位排污费提高，企业的生产成本增加，就会控制大气污染物的排放，则企业的均衡污染物产量降低。因此，可以通过产业结构的调整，对燃料及能源结构进行优化升级，可帮助企业降低生产成本与排污成本，从而提高政府环保政绩考核的治霾控污效果；同时，如果企业购买节能环保设备的价格有所降低，企业的生产成本降低，将促使企业更积极参与，因此，政府可以适当补贴购买环保设备的费用。②加大对超标排放污染气体企业的处罚力度，使得企业上缴的罚款金额大于其控制排污量努力的成本，企业为降低成本，会选择控制排污量而非超标排放污染物，从而降低企业的均衡污染物产量。加大对排污企业的处罚力度，不但会督促企业改进生产，而且会警示其他企业更加重视环保。政府应该建立健全相应的奖罚机制，对一些不进行环保生产的企业进行严厉的处罚，也可以对积极采取环保措施的企业予以奖励。

3.3　地方政府间雾霾合作治理的微分博弈

3.3.1　问题描述

雾霾污染的表面因素是工业排污量增加、区域生态系统功能退化等，然而，造成雾霾的内在原因是缺乏对区域大气资源和大气环境的综合管理。而大气是流动的，$PM_{2.5}$ 也是流动的，即使大气运动使得污染物向其他地区扩散，也只是使得雾霾暂时消散，污染物仍旧存在，仍旧会提供形成雾霾天气的条件。

各区域的工业产量与污染物排放量成正相关。工业生产量会给地区带来收益，因此，区域收益与污染物排放量也相关，收益函数是关于雾霾污染物排放量逐渐增加的二次凹函数。

生产过程中排放的大气污染物导致雾霾形成，给区域带来破坏成本，破坏成本的大小取决于各地区的雾霾污染存量。各地方政府会通过使用治霾项目或手段以减少污染量，这些环境项目及手段会产生一定的投资成本。地区的投资成本是递增的二次凸函数。

假设模型中有3个区域，区域1、区域2与区域3之间有上下风向的关系，污染物会随风的方向流动扩散。区域1的雾霾污染物存量$s_1(t)$的变化包括新排出的、因治霾而减少排出的、自净消散和转移给下风向区域2的；区域2的变化包括新排出的、因治霾而减少排出的、自净消散的、由上风向地区传送过来的、转移给下风向地区的；区域3的变化包括新排出的、因治霾而减少排出的、自净消散的和接受区域2转移的。

区域1和区域2组成区域治霾联合体(1，2)，区域2和区域3组成区域治霾联合体(2，3)。若区域治霾协同后两地区的污染存量是联合前污染存量的量化之和，区域2由于同时参与(1，2)和(2，3)环境项目投资，所以假定地区2的环境项目投资平均分配给这两个联盟。同时区域2的排量均分至2个区域治霾联盟。

3.3.2 政府间微分博弈的参数设置

(1) 区域i的收益函数表示为

$$R_i[Q_i(e_i(t))] = e_i(t)\left(b_i - \frac{1}{2}e_i(t)\right), \quad 0 \leqslant e_i(t) \leqslant b_i ; \quad Q_i = Q_i(e_i(t)) \tag{3.17}$$

其中，$Q_i(t)$表示地区i的工厂在时点t的产量；$e_i(t)$表示污染排放量；$R_i(Q_i)$表示地区 i的生产收益；b_i表示$R_i(Q_i)$最大时的排污值。

(2) 工业活动带给当地的破坏成本函数为

$$d_i(s) = \pi_i s_i(t), \quad \pi_i > 0 \tag{3.18}$$

其中，$d_i(s)$表示破坏成本；s表示各区域的污染存量；π_i表示一单位的污染存量对区域i的破坏大小。

(3) 区域i用于雾霾治理项目的成本函数为

$$c_i(h_i) = \frac{1}{2}a_i h_i(t)^2, \quad a_i > 0 \tag{3.19}$$

其中，a_i表示投资成本效率参数。

(4) 通过治霾行动达到的减排量函数为

$$ERU_i(t) = \gamma_i h_i(t), \quad \gamma_i > 0 \tag{3.20}$$

其中，$ERU_i(t)$表示污染减排量；h_i表示治霾项目与治霾手段的投资；γ_i表示治霾投资规模参数。

3.3.3 政府间微分博弈模型的构建

1. 治霾联合体(1，2)

区域 1 和区域 2 共同构成了治霾联合体(1，2)，其期望利润现值

$$\max_{e_1,e_2,h_1,h_2} W_{12}=\int_0^T\left[e_1(t)\left(b_1-\frac{1}{2}e_1(t)\right)+\frac{1}{2}e_2(t)\left(b_2-\frac{1}{4}e_2(t)\right)\right.\\ \left.-\pi_{12}s_{12}(t)-\frac{1}{2}a_{12}\left(h_1(t)+\frac{1}{2}h_2(t)\right)^2\right]\mathrm{e}^{-rT}\,\mathrm{d}t \tag{3.21}$$

区域 1 和区域 2 雾霾污染物存量变化的微分方程为

$$s_{12}(t)=e_1(t)+\frac{1}{2}e_2(t)-\gamma_{12}\left(h_1(t)+\frac{1}{2}h_2(t)\right)\\ -\delta_{12}s_{12}-\phi_{12}s_{12}(t) \tag{3.22}$$

引用贝尔曼方程

$$-W_t^{(0)12}(t,s_{12})=\max_{e_1,e_2,h_1,h_2}\left\{\left[e_1^{(0)*}(t)\left(b_1-\frac{1}{2}e_1^{(0)*}(t)\right)+\frac{1}{2}e_2^{(0)*}(t)\left(b_2-\frac{1}{4}e_2^{(0)*}(t)\right)\right.\right.\\ \left.-\pi_{12}s_{12}-\frac{1}{2}a_{12}(h_1^{(0)*}(t)+\frac{1}{2}h_2^{(0)*}(t))^2\right]\mathrm{e}^{-rt}+W_{s_{12}}^{(0)12}(t,s_{12})\\ \left.\left[e_1^{(0)*}(t)+\frac{1}{2}e_2^{(0)*}(t)-\gamma_{12}(h_1^{(0)*}(t)+\frac{1}{2}h_2^{(0)*}(t))-\delta_{12}s_{12}-\phi_{12}s_{12}\right]\right\} \tag{3.23}$$

进行上式所示的最大化

$$e_1^{(0)*}(t)=b_1+W_{s_{12}}^{(0)}(t,s_{12})\mathrm{e}^{rt}\\ e_2^{(0)*}(t)=2b_2+2W_{s_{12}}^{(0)}(t,s_{12})\mathrm{e}^{rt}\\ h_1^{(0)*}(t)+\frac{1}{2}h_2^{(0)*}(t)=-\frac{\gamma_{12}}{a_{12}}W_{s_{12}}^{(0)}(t,s_{12})\mathrm{e}^{rt} \tag{3.24}$$

治霾联合体(1，2)在时区[0，T]的利润函数为

$$W^{(0)12}(t,s_{12})=\mathrm{e}^{-rt}[A_{12}(t)s_{12}+B_{12}(t)] \tag{3.25}$$

该博弈的反馈纳什均衡为

$$\phi_1^{(0)e*}(t,s_{12})=b_1+A_{12}(t),\quad e_2^{(0)*}(t)=2b_2+2A_{12}(t)\\ h_1^{(0)*}(t)+\frac{1}{2}h_2^{(0)*}(t)=-\frac{\gamma_{12}}{a_{12}}A_{12}(t) \tag{3.26}$$

其中，$A_{12}(t)$、$B_{12}(t)$ 必须满足的动态系统与边际条件

$$A_{12}(t)=\pi_{12}+(r+\delta_{12}+\varphi_{12})A_{12}(t)$$

$$B_{12}(t)=rB_{12}(t)-\left(\frac{\gamma_{12}^2}{2a_{12}}+1\right)A_{12}(t)^2-(b_1+b_2)A_{12}(t)-\frac{1}{2}b_1^2-\frac{1}{2}b_2^2 \tag{3.27}$$

在合作博弈中，治霾联合体(1，2)共治的期望利润，可将因共治而得到的额外期望利润按照各区域在非合作时获得利润的比例来分配。

每个区域在各时点获得期望利润 $\varepsilon^{(\tau)i}(\tau,s_\tau)$

$$\begin{aligned}\varepsilon^{(\tau)i}(\tau,s_{12\tau}^*)&=V^{(\tau)i}(\tau,s_{12\tau}^*)+\frac{V^{(\tau)i}(\tau,s_{12\tau}^*)}{\sum_{j=1}^{2}V^{(\tau)j}(\tau,s_{12\tau}^*)}\times\left[W^{(\tau)12}(\tau,s_{12\tau}^*)-\sum_{j=1}^{2}V^{(\tau)j}(\tau,s_{12\tau}^*)\right]\\&=\frac{V^{(\tau)i}(\tau,s_{12\tau}^*)}{\sum_{j=1}^{2}V^{(\tau)j}(\tau,s_{12\tau}^*)}W^{(\tau)12}(\tau,s_{12\tau}^*)\end{aligned} \tag{3.28}$$

其中，区域 1 的利润函数为

$$V_1^{(0)}(t,s_1)=\mathrm{e}^{-rt}[A_1(t)s_1+B_1(t)] \tag{3.29}$$

同理，区域 2 的利润函数为

$$V_2^{(0)}(t,s_2)=\mathrm{e}^{-rt}[A_2(t)s_2+B_2(t)] \tag{3.30}$$

得出区域 1 和区域 2 在 τ 时的利润函数为

$$\varepsilon^{(\tau)1}(\tau,s_{12\tau}^*)=\frac{A_1(\tau)s_{12\tau}^*+B_1(\tau)}{A_1(\tau)s_{12\tau}^*+B_1(\tau)+A_2(\tau)s_{12\tau}^*+B_2(\tau)}\times\left[A_{12}(\tau)s_{12\tau}^*+B_{12}(\tau)\right] \tag{3.31}$$

$$\varepsilon^{(\tau)2}(\tau,s_{12\tau}^*)=\frac{A_2(\tau)s_{12\tau}^*+B_2(\tau)}{A_1(\tau)s_{12\tau}^*+B_1(\tau)+A_2(\tau)s_{12\tau}^*+B_2(\tau)}\times\left[A_{12}(\tau)s_{12\tau}^*+B_{12}(\tau)\right] \tag{3.32}$$

区域 1 和区域 2 在时点 τ 的瞬时利润分别为

$$P_1'(\tau)=-\frac{\begin{aligned}&(\dot{A}_1(\tau)s_{12\tau}^*+\dot{B}_1(\tau))(A_1(\tau)s_{12\tau}^*+B_1(\tau)+A_2(\tau)s_{12\tau}^*+B_2(\tau))-(A_1(\tau)s_{12\tau}^*\\&+B_1(\tau))(\dot{A}_1(\tau)s_{12\tau}^*+\dot{B}_1(\tau)+\dot{A}_2(\tau)s_{12\tau}^*+\dot{B}_2(\tau))\end{aligned}}{(A_1(\tau)s_{12\tau}^*+B_1(\tau)+A_2(\tau)s_{12\tau}^*+B_2(\tau))^2}$$

$$\times(A_{12}(\tau)s_{12\tau}^* + B_{12}(\tau)) - \frac{A_1(\tau)s_{12\tau}^* + B_1(\tau)}{A_1(\tau)s_{12\tau}^* + B_1(\tau) + A_2(\tau)s_{12\tau}^* + B_2(\tau)}(\dot{A_{12}}(\tau)s_{12\tau}^* + \dot{B_{12}}(\tau))$$

$$-\left[\frac{A_1(\tau)(A_1(\tau)s_{12\tau}^* + B_1(\tau) + A_2(\tau)s_{12\tau}^* + B_2(\tau)) - (A_1(\tau)s_{12\tau}^* + B_1(\tau))(A_1(\tau) + A_2(\tau))}{(A_1(\tau)s_{12\tau}^* + B_1(\tau) + A_2(\tau)s_{12\tau}^* + B_2(\tau))^2}\right.$$

$$\left.\times(A_{12}(\tau)s_{12\tau}^* + B_{12}(\tau)) + \frac{A_1(\tau)s_{12\tau}^* + B_1(\tau)}{A_1(\tau)s_{12\tau}^* + B_1(\tau) + A_2(\tau)s_{12\tau}^* + B_2(\tau)} \times A_{12}(\tau)\right]$$

$$\times\left[b_1 + b_2 + 2A_{12}(\tau) + \frac{\gamma_{12}^2}{a_{12}}A_{12}(\tau) - \delta_{12}s_{12\tau}^* - \phi_{12}s_{12\tau}^*\right] \tag{3.33}$$

$$P_2'(\tau) = -\frac{(\dot{A_2}(\tau)s_{12\tau}^* + \dot{B_2}(\tau))(A_1(\tau)s_{12\tau}^* + B_1(\tau) + A_2(\tau)s_{12\tau}^* + B_2(\tau)) - (A_2(\tau)s_{12\tau}^* + B_2(\tau))(\dot{A_1}(\tau)s_{12\tau}^* + \dot{B_1}(\tau) + \dot{A_2}(\tau)s_{12\tau}^* + \dot{B_2}(\tau))}{(A_1(\tau)s_{12\tau}^* + B_1(\tau) + A_2(\tau)s_{12\tau}^* + B_2(\tau))^2}$$

$$\times(A_{12}(\tau)s_{12\tau}^* + B_{12}(\tau)) - \frac{A_2(\tau)s_{12\tau}^* + B_2(\tau)}{A_1(\tau)s_{12\tau}^* + B_1(\tau) + A_2(\tau)s_{12\tau}^* + B_2(\tau)}(\dot{A_{12}}(\tau)s_{12\tau}^* + \dot{B_{12}}(\tau))$$

$$-\left[\frac{A_2(\tau)(A_1(\tau)s_{12\tau}^* + B_1(\tau) + A_2(\tau)s_{12\tau}^* + B_2(\tau)) - (A_2(\tau)s_{12\tau}^* + B_2(\tau))(A_1(\tau) + A_2(\tau))}{(A_1(\tau)s_{12\tau}^* + B_1(\tau) + A_2(\tau)s_{12\tau}^* + B_2(\tau))^2}\right.$$

$$\left.\times(A_{12}(\tau)s_{12\tau}^* + B_{12}(\tau)) + \frac{A_2(\tau)s_{12\tau}^* + B_2(\tau)}{A_1(\tau)s_{12\tau}^* + B_1(\tau) + A_2(\tau)s_{12\tau}^* + B_2(\tau)} \times A_{12}(\tau)\right]$$

$$\times\left[b_1 + b_2 + 2A_{12}(\tau) + \frac{\gamma_{12}^2}{a_{12}}A_{12}(\tau) - \delta_{12}s_{12\tau}^* - \phi_{12}s_{12\tau}^*\right] \tag{3.34}$$

2. 治霾联合体(2，3)

区域 2 和区域 3 共同构造了治霾联合体(2，3)，其期望利润现值为

$$\max_{e_2,e_3,h_2,h_3} W_{23} = \int_0^T \left[\frac{1}{2}e_2(t)\left(b_2 - \frac{1}{4}e_2(t)\right) + e_3(t)\left(b_3 - \frac{1}{2}e_3(t)\right) - \pi_{23}s_{23}(t) - \frac{1}{2}a_{23}\left(\frac{1}{2}h_2(t) + h_3(t)\right)^2\right]e^{-rT}\,dt \tag{3.35}$$

区域 2 和区域 3 雾霾污染物存量变化的微分方程为

$$\dot{s_{23}}(t) = \frac{1}{2}e_2(t) + e_3(t) - \gamma_{23}\left(\frac{1}{2}h_2(t) + h_3(t)\right) - \delta_{23}s_{23} - \phi_1 s_1(t) \tag{3.36}$$

引用贝尔曼方程

$$-W_t^{(0)23}(t,s_{23})=\max_{e_2,e_3,h_2,h_3}\left\{\left[\frac{1}{2}e_2^{(0)*}(t)\left(b_2-\frac{1}{4}e_2^{(0)*}(t)\right)+e_3^{(0)*}(t)\left(b_3-\frac{1}{2}e_3^{(0)*}(t)\right)-\pi_{23}s_{23}\right.\right.$$
$$\left.-\frac{1}{2}a_{23}(\frac{1}{2}h_2^{(0)*}(t)+h_3^{(0)*}(t))^2\right]e^{-rt}+W_{s_{23}}^{(0)12}(t,s_{23})\left[\frac{1}{2}e_2^{(0)*}(t)\right.$$
$$\left.\left.+e_3^{(0)*}(t)-\gamma_{23}(\frac{1}{2}h_2^{(0)*}(t)+h_3^{(0)*}(t))-\delta_{23}s_{23}-\phi_1 s_1]\}\right]\right\} \tag{3.37}$$

进行上式所示的最大化

$$\begin{aligned}&e_2^{(0)*}(t)=2b_2+2W_{s_{23}}^{(0)}(t,s_{23})e^{rt}\\&e_3^{(0)*}(t)=b_3+W_{s_{23}}^{(0)}(t,s_{23})e^{rt}\\&\frac{1}{2}h_2^{(0)*}(t)+h_3^{(0)*}(t)=-\frac{\gamma_{23}}{a_{23}}W_{s_{23}}^{(0)}(t,s_{23})e^{rt}\end{aligned} \tag{3.38}$$

治霾联合体(2，3)在时区［0，T］的利润函数为

$$W^{(0)23}(t,s_{23})=e^{-rt}[A_{23}(t)s_{23}+B_{23}(t)] \tag{3.39}$$

该博弈的反馈纳什均衡为

$$\begin{aligned}&e_2^{(0)*}(t)=2b_2+2A_{23}(t)\\&e_3^{(0)*}(t)=b_3+A_{23}(t)\\&\frac{1}{2}h_2^{(0)*}(t)+h_3^{(0)*}(t)=-\frac{\gamma_{23}}{a_{23}}A_{23}(t)\end{aligned} \tag{3.40}$$

其中，$A_{23}(t)$、$B_{23}(t)$ 必须满足的动态系统和边际条件为

$$\begin{aligned}&\dot{A}_{23}(t)=\pi_{23}+(r+\delta_{23}+\varphi_{23})A_{23}(t)\\&\dot{B}_{23}(t)=rB_{23}(t)-\left(\frac{\gamma_{23}^2}{2a_{23}}+1\right)A_{23}(t)^2-(b_2+b_3+\phi_1 s_1)A_{23}(t)-\frac{1}{2}(b_2^2-b_3^2)\end{aligned} \tag{3.41}$$

每个地区在各时点获得期望利润 $\varepsilon^{(\tau)i}(\tau,s_\tau)$ 为

$$\varepsilon^{(\tau)1}(\tau,s_\tau^*)=\frac{A_1(\tau)s_\tau^*+B_1(\tau)}{A_1(\tau)s_\tau^*+B_1(\tau)+A_2(\tau)s_\tau^*+B_2(\tau)+A_3(\tau)s_\tau^*+B_3(\tau)}\times\left[A(\tau)s_\tau^*+B(\tau)\right] \tag{3.42}$$

$$\varepsilon^{(\tau)2}(\tau,s_\tau^*)=\frac{A_2(\tau)s_\tau^*+B_2(\tau)}{A_1(\tau)s_\tau^*+B_1(\tau)+A_2(\tau)s_\tau^*+B_2(\tau)+A_3(\tau)s_\tau^*+B_3(\tau)}\times\left[A(\tau)s_\tau^*+B(\tau)\right] \tag{3.43}$$

$$\varepsilon^{(\tau)3}(\tau,s_\tau^*)=\frac{A_3(\tau)s_\tau^*+B_3(\tau)}{A_1(\tau)s_\tau^*+B_1(\tau)+A_2(\tau)s_\tau^*+B_2(\tau)+A_3(\tau)s_\tau^*+B_3(\tau)}\times\left[A(\tau)s_\tau^*+B(\tau)\right] \tag{3.44}$$

区域 2 和区域 3 在时间点 τ 的瞬时利润分别为

$$
\begin{aligned}
P_2''(\tau) = &-\frac{(\dot{A}_2(\tau)s_{23\tau}^* + \dot{B}_2(\tau))(A_2(\tau)s_{23\tau}^* + A_3(\tau)s_{23\tau}^* + B_3(\tau)) - (A_2(\tau)s_{23\tau}^* + B_2(\tau))(\dot{A}_2(\tau)s_{23\tau}^* + \dot{B}_2(\tau) + \dot{A}_3(\tau)s_{23\tau}^*)}{(A_2(\tau)s_{23\tau}^* + B_2(\tau) + A_3(\tau)s_{23\tau}^* + B_3(\tau))^2} \\
&\times (A_{23}(\tau)s_{23\tau}^* + B_{23}(\tau)) - \frac{A_2(\tau)s_{23\tau}^* + B_2(\tau)}{A_2(\tau)s_{23\tau}^* + B_2(\tau) + A_3(\tau)s_{23\tau}^* + B_3(\tau)}(\dot{A}_{23}(\tau)s_{23\tau}^* + \dot{B}_{23}(\tau)) \\
&-\left[\frac{A_2(\tau)(A_2(\tau)s_{23\tau}^* + B_2(\tau) + A_3(\tau)s_{23\tau}^* + B_3(\tau)) - (A_2(\tau)s_{23\tau}^* + B_2(\tau))(A_2(\tau) + A_3(\tau))}{(A_2(\tau)s_{23\tau}^* + B_2(\tau) + A_3(\tau)s_{23\tau}^* + B_3(\tau))^2}\right. \\
&\left.\times (A_{23}(\tau)s_{23\tau}^* + B_{23}(\tau)) + \frac{A_2(\tau)s_{23\tau}^* + B_2(\tau)}{A_2(\tau)s_{23\tau}^* + B_2(\tau) + A_3(\tau)s_{23\tau}^* + B_3(\tau)} \times A_{23}(\tau)\right] \\
&\times \left[b_2 + b_3 + 2A_{23}(\tau) + \frac{\gamma_{23}^2}{a_{23}}A_{23}(\tau) - \delta_{23}s_{23\tau}^* + \phi_1 s_{1\tau}^*\right]
\end{aligned}
\tag{3.45}
$$

$$
\begin{aligned}
P_3'(\tau) = &-\frac{(\dot{A}_3(\tau)s_{23\tau}^* + \dot{B}_3(\tau))(A_2(\tau)s_{23\tau}^* + A_3(\tau)s_{23\tau}^*) - (A_3(\tau)s_{23\tau}^* + B_3(\tau))(\dot{A}_2(\tau)s_{23\tau}^* + \dot{B}_2(\tau) + \dot{A}_3(\tau)s_{23\tau}^* + \dot{B}_3(\tau))}{(A_2(\tau)s_{23\tau}^* + B_2(\tau) + A_3(\tau)s_{23\tau}^* + B_3(\tau))^2} \\
&\times (A_{23}(\tau)s_{23\tau}^* + B_{23}(\tau)) - \frac{A_3(\tau)s_{23\tau}^* + B_3(\tau)}{A_2(\tau)s_{23\tau}^* + B_2(\tau) + A_3(\tau)s_{23\tau}^* + B_3(\tau)}(\dot{A}_{23}(\tau)s_{23\tau}^* + \dot{B}_{23}(\tau)) \\
&-\left[\frac{A_3(\tau)(A_2(\tau)s_{23\tau}^* + B_2(\tau) + A_3(\tau)s_{23\tau}^* + B_3(\tau)) - (A_3(\tau)s_{23\tau}^* + B_3(\tau))(A_2(\tau) + A_3(\tau))}{(A_2(\tau)s_{23\tau}^* + B_2(\tau) + A_3(\tau)s_{23\tau}^* + B_3(\tau))^2}\right. \\
&\left.\times (A_{23}(\tau)s_{23\tau}^* + B_{23}(\tau)) + \frac{A_3(\tau)s_{23\tau}^* + B_3(\tau)}{A_2(\tau)s_{23\tau}^* + B_2(\tau) + A_3(\tau)s_{23\tau}^* + B_3(\tau)} \times A_{23}(\tau)\right] \\
&\times \left[b_2 + b_3 + 2A_{23}(\tau) + \frac{\gamma_{23}^2}{a_{23}}A_{23}(\tau) - \delta_{23}s_{23\tau}^* + \phi_1 s_{1\tau}^*\right]
\end{aligned}
\tag{3.46}
$$

3.3.4 算例分析

下面结合前面得出的模型，通过对变量赋值给出模拟。由于 3 个区域代表不同发展水平的区域，其污染程度和治理程度也随之不同。因此，在设置参数值时需考虑区域的差异，尽可能地符合地区发展的实情(表 3.1)。

表 3.1　算例分析的各参数取值

下标＼参数	a	γ	π	δ	b	$h(t=1)$	$h(t=2)$	$h(t=3)$	$s(t=1)$
1	0.5	0.5	4	0.1	20	10	10	10	20
2	1	1	5	0.1	40	20	20	20	30
3	1.5	1.5	6	0.1	60	30	30	30	40
12	1.5	1.5	9	0.1					
23	2	2	11	0.1					
13	2	2	15	0.1					

除表中参数值外，还有 $\varphi_1 = \varphi_2 = \varphi_{12} = 0.1$， $r = 0.05$。

在表 3.1 中，下标表示区域 i，参数 a_i 表示投资成本效率参数，即 a_1 表示区域 1 的投资成本效率参数，以此类推。参数 γ_i 表示治霾投资规模参数；π_i 表示一单位的污染存量对区域 i 的破坏大小；δ 表示自净消散率；b_i 表示区域 i 的生产收益最大时的排污值；h 表示治霾项目与治霾手段的投资；s 表示各区域的污染存量。

参数值取值主要参考赖苹等（2013）和胡震云等(2014)。同时，本书还着重根据各区域的经济发展状况以及现今的雾霾治理情况，为更明显区分 3 个区域的雾霾治理情况，在这些参数取值时有所区分(表 3.2)。

表 3.2　各地区污染排放量

时间＼地区	1	2	3
t=1	20	30	40
t=2	30	40	50
t=3	40	50	60

根据以上参数设定，得到计算结果(表 3.3)。

1. 区域(1，2)两地的期望利润

$t=1$时，$s_{12\tau}^{*}=50$，$A_{12}(\tau)=-14$，$B_{12}(\tau)=50$，则 $P_1'(\tau)=-70$，$P_2'(\tau)=309$；

$t=2$时，$s_{12\tau}^{*}=45$，$A_{12}(\tau)=-8$，$B_{12}(\tau)=2278$，$A_1(\tau)=-3$，$B_1(\tau)=657$，$A_2(\tau)=-5$，

$B_2(\tau)=1579$，则 $P_1'(\tau)=-1,\ P_2'(\tau)=388$；

$t=3$ 时，$s_{12\tau}^*=56, A_{12}(\tau)=0.3, B_{12}(\tau)=9266, A_1(\tau)=0.5, B_1(\tau)=1855, A_2(\tau)=-115$，$B_2(\tau)=-0.2$，则 $P_1'(\tau)=4700,\ P_2'(\tau)=612$。

2. 区域(2，3)两地的期望利润

$t=1$时，$s_{23\tau}^*=70$，$A_{23}(\tau)=-18$，$B_{23}(\tau)=70$，$A_2(\tau)=-8.0$，$B_2(\tau)=30$，$A_3(\tau)=-10$，$B_3(\tau)=40$，则 $P_2''(\tau)=293,\ P_3'(\tau)=949$；

$t=2$ 时，$s_{23\tau}^*=40$，$A_{23}(\tau)=-9$，$B_{23}(\tau)=6935$，$A_2(\tau)=-5.0$，$B_2(\tau)=1579$，$A_3(\tau)=-5$，$B_3(\tau)=3058$，则 $P_2''(\tau)=532,\ P_3'(\tau)=1138$；

$t=3$ 时，$s_{23\tau}^*=29$，$A_{23}(\tau)=1$，$B_{23}(\tau)=23537$，$A_2(\tau)=-0.2$，$B_2(\tau)=4700$，$A_3(\tau)=0.5$，$B_3(\tau)=8559$，则 $P_2''(\tau)=148,\ P_3'(\tau)=953$。

表 3.3　区域协同跨域治理的利润函数初始系数

时间	区域	初始值
t=1	区域 1	$A_1(t)$=−6，$B_1(t)$=20
	区域 2	$A_2(t)$=−8，$B_2(t)$=30
	区域 3	$A_3(t)$=−10，$B_3(t)$=40
	区域(1，2)	$A_{12}(t)$=−14，$B_{12}(t)$=50
	区域(2，3)	$A_{23}(t)$=−18，$B_{23}(t)$=70

注：表 3.1～表 3.3 的数值均为考虑到地区发展水平和治霾程度差异而设置的参数值。

通过对以上结果的对比得出结论。首先，每个区域都根据各自的现实情况进行治霾资金投入，上风向区域治霾负担最大，经济最不发达，而下风向区域承接上风向区域、过渡地带(区域 2)的治霾成效，经济发展情况最优越，故而比较各时间点的利润大小，上风向区域的利润比过渡地带的利润值要低，过渡地带比下风向区域的利润值要低。随着治霾活动的开展，各区域的利润下降，根本原因在于此时段内，随着治霾资金投入，利润下降幅度会变小，继而利润逐渐上升。

其次，两两合作型中各地区在各时点的利润比较，上风向地区低于过渡地带，过渡地带低于下风向地区，说明不同的所在地、不同的区域繁荣性和治霾负担的大小是影响各区域利润值的直接原因。

治霾区域(1，2)和区域(2，3)的污染存量在治理时段内有明显下降，说明区域协作的治霾形式成效更佳。通过对两个治霾联合体的污染存量对比还发现，虽然区域(1，2)的存量是增多的，但涨幅在变缓；而区域(2，3)保持降低趋势，这同样是由于区域繁荣性和治霾力度与成效差异造成。

3.3.5　讨论与启示

只考虑水平风向的影响而暂不考虑空气的垂直对流，污染物从上风向弥散至下风向，虽然有了一定程度的消散，但雾霾起源地区的治霾难度仍旧相对较大。对于相关联的地区，可能会出现污染的输送与叠加，使 $PM_{2.5}$ 污染物浓度水平进一步升高，客观上加重区域的污染水平，如城区边缘地带污染水平有时会比城区高。

从雾霾治理难度上讲，上风向区域大于过渡地带大于下风向区域。而目前我国的治霾是各行政区划分而治之，而上风向与下风向地带的繁荣程度不同、大气致污因素不一、上下风向地区雾霾治理难度不同，使得各区域在联合治霾中可能出现分歧。分歧的根源在于处于上风向的区域治理雾霾的投入力度注定要比下风向的区域投入大，而由于区域间政府并未形成区域联合治理的机制机构，资源分配不均可能导致某些区域治理能力不足。

本书对上中下区域的区分，主要依据各区域在雾霾产生时最多出现的风向位置；同时，考虑区域的地理位置和经济发展水平。本书雾霾跨域治理的区域区分中，上中下区域分别受该区域综合评价影响。本书所研究的重点是跨区域雾霾协同治理，这里所指的区域是指相邻的省市自治区，因此在有明显区域区分时很容易判断其属于哪种区域，而处于同一地理特征的区域间则需要其他各因素的综合评定。

因此，要制定协同机制，将资源多放在雾霾产生的根源地区。区域间雾霾治理理事会的基金设备部，需要结合区域部门人员提供的信息量，对协同区域间的实际情况进行考查，对于每个区域的污染情况、经济发展情况和治理难度进行定性和定量分析，作为这些区域治霾资源分配的依据。

从雾霾跨域治理的区域界定角度看，跨域指的是相关联地区之间，即处于同一气候带的雾霾污染区域，处于同一或者相邻省份的区域(如京津冀、长江三角洲、珠江三角洲等)，可以成立合理的治霾跨域联合体。

第 4 章　雾霾多元协同治理的演化博弈

雾霾治理错综复杂，第 3 章以微分博弈的思想探究污染企业与政府之间的博弈，以及各区域政府间在面对跨域合作治理时的策略选择博弈。但是，雾霾的治理不仅仅是政府和污染企业的事情，公众也是雾霾的重要利益主体。本章基于政府、污染企业、民众进行三方演化博弈分析，加入公众作为雾霾治理的利益主体。本书公众指代民间自组织的环保协会。从演化博弈的角度研究政府及污染企业的策略选择；同时，运用系统动力学方法分析不同的博弈初始值对博弈演化过程的影响。

4.1　演化博弈简介

演化博弈论与传统博弈论不同，其强调动态演化过程，而不是将重点放在静态均衡，并且弥补了经典博弈理论中假定参与人完全理性的缺陷，即在有限理性条件下，通过反复博弈得到最优策略。“演化稳定策略”是演化博弈的核心，在重复博弈过程中，参与人通过不断学习和模仿调整自己的策略，最终达到一种平衡，参与人具备有限理性，博弈过程中每一个人都不会单方面改变策略。复制动态是一种动态描述过程，是指系统中具有统计分析能力和对不同策略收益的事后判断能力的有限理性参与人，通过不断学习模仿另一类型的参与人，使自身获得更大收益的过程。

在雾霾跨域治理的博弈中，除政府与企业间、政府与政府间外，还有一个主体就是公众。他们是雾霾的直接受害者，同时也是造成雾霾的重要因素，如汽车尾气排放、烟花爆竹燃放、煤炭燃烧等。在雾霾治理中，公众是利益分散的个体，在环境保护的问题上容易出现“搭便车”的情况，但是一旦公众联合起来就会形成压倒性的民意表达，此时政府一定会对相关问题做出积极应答。同时，公众是企业产品的直接消费者，消费者的购买态度直接影响企业的利润，如果企业污染环境的行为引起公众的抗议，那么公众会拒绝购买该企业产品，从而迫使企业做出决策改变。政府与公众、企业与公众之间均存在博弈关系。

4.2　博弈演化模型建立

雾霾跨域治理的多元协同三方博弈主要包括政府、污染企业和公众 3 个主体。其中政府与污染企业之间的博弈、区域政府间的跨域合作博弈在第 3 章中已经详细阐述，本章基于上述的演化博弈过程，着重研究在雾霾跨域治理过程中加入民众后多元主体参与的博弈过程，从而为多元协同机制的提出提供依据。

三者在博弈过程中相互之间存在着不同的博弈行为，他们通过各自的博弈焦点来动态调整自身的策略选择。本书研究的前提假设是利益相关者一旦参与项目就不会退出。除去政府与污染企业的博弈、跨域政府间的博弈，污染企业与公众之间也存在博弈关系。对于公众，策略行为表现为参加雾霾治理行动和不参加雾霾治理行动。参与会给公众带来一些成本如举报取证费用、交通费用等，同时也可能得到政府的物质精神奖励等。

在三方博弈中，可以确定演化博弈中的主要参数。政府涉及的主要参数包括政府从企业获得的税收收益 R_1、对企业排污的监管成本 C_1；污染企业涉及的主要参数：企业固定经济收益 R_2、污染治理成本 C_2、环境污染企业需要承担政府对其的罚款 K 以及因放任污染公众拒绝购买该产品造成的口碑成本 M。公众涉及的主要参数包括雾霾治理良好给公众带来的有形无形的利益 R_3、参与雾霾治理所付出的成本 C_3、参与治理可能获得的政府奖励 J。

根据利益最大化原则，可分别列出政府在监管企业和不监管情形下的三方博弈支付矩阵(表 4.1、表 4.2)。

表 4.1　政府对污染企业采取监管策略情况下三方博弈支付收益矩阵

		公众	
		参与	不参与
企业	治理	$(R_1-C_1-J;\ R_2-C_2;\ R_3-C_3+J)$	$(R_1-C_1;\ R_2-C_2;\ R_3)$
	不治理	$(R_1-C_1+K-J;\ R_2-K-M;\ J-C_3)$	$(R_1-C_1+K;\ R_2-K;\ 0)$

表 4.2　政府对污染企业不采取监管策略情况下三方博弈支付收益矩阵

		公众	
		参与	不参与
企业	治理	$(R_1-J; R_2-C_2;\ R_3-C_3+J)$	$(R_1;\ R_2-C_2;\ R_3)$
	不治理	$(R_1-J; R_2-M;\ J-C_3)$	$(R_1;\ R_2;\ 0)$

假设政府监管污染企业的概率为 α，则政府不监管概率为 $1-\alpha$；企业治理率 β，不治理的概率为 $1-\beta$；公众选择参与治理的概率为 γ，不参与的概率则为 $1-\gamma$。本书用 U_{ij} 表示主体 i 选择 j 策略时的收益，其中，$i=z$、q、c 分别表示政府、企业、公众；$j=1$、2 分别表示主体的第 1 种策略和第 2 种策略，在本书中政府、企业和公众分别对应的策略 1 和策略 2 为（监管、不监管）、（治理，不治理）以及（参与、不参与）。例如 U_{z1} 表示政府监管污染企业时的收益，U_{z2} 表示政府不监管污染企业时的收益。

根据支付矩阵可计算出政府选择监管和不监管污染企业的期望收益函数分别为

$$\begin{aligned} U_{z1} = {} & \beta\gamma(R_1 - C_1 - J) + \beta(1-\gamma)\left(R_1 - C_1\right) + (1-\beta)\gamma(R_1 - C_1 + K - J) \\ & +(1-\beta)(1-\gamma)\left(R_1 - C_1 + K\right) \end{aligned} \tag{4.1}$$

$$U_{z2} = \beta\gamma(R_1 - J) + \beta(1-\gamma)R_1 + (1-\beta)\gamma(R_1 - J) + (1-\beta)(1-\gamma)R_1 \tag{4.2}$$

政府的平均期望收益为

$$\overline{U_z} = \alpha U_{z1} + (1-\alpha)U_{z2} \tag{4.3}$$

根据式(4.1)和式(4.2)可得政府选择监管污染企业的复制动态微分方程

$$\frac{\mathrm{d}\alpha}{\mathrm{d}t} = \alpha(1-\alpha)\left(U_{z1} - U_{z2}\right) = \alpha(1-\alpha)(K - \beta K - C_1) \tag{4.4}$$

同理，可计算出污染企业的平均期望收益及其复制动态微分方程

$$\begin{aligned} U_{q1} = {} & \alpha\gamma\left(R_2 - C_2\right) + \alpha(1-\gamma)\left(R_2 - C_2\right) + (1-\alpha)\gamma\left(R_2 - C_2\right) \\ & +(1-\alpha)(1-\gamma)\left(R_2 - C_2\right) \end{aligned} \tag{4.5}$$

$$\begin{aligned} U_{q2} = {} & \alpha\gamma\left(R_2 - K - M\right) + \alpha(1-\gamma)\left(R_2 - K\right) + (1-\alpha)\gamma\left(R_2 - M\right) \\ & +(1-\alpha)(1-\gamma)R_2 \end{aligned} \tag{4.6}$$

$$\frac{\mathrm{d}\beta}{\mathrm{d}t} = \beta(1-\beta)\left(U_{q1} - U_{q2}\right) = \beta(1-\beta)\left(\alpha K + \gamma M - C_2\right) \tag{4.7}$$

公众的平均期望收益及其复制动态微分方程为

$$\begin{aligned} U_{c1} = {} & \alpha\beta\left(R_3 - C_3 + J\right) + \alpha(1-\beta)\left(J - C_3\right) + (1-\alpha)\beta\left(R_3 - C_3 + J\right) \\ & +(1-\alpha)(1-\beta)\left(J - C_3\right) \end{aligned} \tag{4.8}$$

$$U_{c2} = \alpha\beta R_3 + (1-\alpha)\beta R_3 \tag{4.9}$$

$$\frac{\mathrm{d}\gamma}{\mathrm{d}t} = \gamma(1-\gamma)\left(U_{c1} - U_{c2}\right) = \gamma(1-\gamma)\left(J - C_3\right) \tag{4.10}$$

4.3 三方博弈的系统动力学仿真分析

4.3.1 系统动力学简介

系统动力学是一门分析系统动态复杂性的科学，用于研究复杂系统的构成、功能与动态行为之间的关系。它根据反馈控制理论，重视整体考虑系统的组成及各部分的交互作用；同时，它以计算机仿真技术为手段，能对系统进行动态仿真实验，考察系统在不同参数或不同策略因素输入时的系统动态变化行为和趋势。系统动力学能够帮助决策者尝试各种情境下采取不同措施的模拟结果，通过模拟结果寻求最佳策略。系统动力学打破了从事社会科学实验必须付出高成本的条件限制。

系统动力学模型是研究者根据需要对实际系统的抽象和归纳，模型不是孤立存在的，系统内部因素之间存在着一定的映射关系，是一种因果机理性模型。它擅长处理长期性、周期性、高阶次、非线性和时变的复杂问题。尤其在研究复杂的非线性系统方面具有优势。在数据不足及某些参量难以量化时，以反馈环为基础依然可以做一些研究。在雾霾跨域治理的三方博弈中，演化均衡的稳定性分析需要系统动力学的理论和方法。博弈者之间各种复杂的影响关系造成了模型求解的困难，系统动力学为博弈的演化过程提供了有效地辅助分析方法。

为了从博弈系统内部了解博弈参与者之间的博弈关键点，明晰三者随博弈演化过程的策略选择变化情况，本书试图用系统动力学的仿真工具建立三方的演化博弈模型，并分析不同的博弈初始值对博弈演化过程的影响。

4.3.2 基于系统动力学的演化博弈模型

根据演化博弈分析建立系统动力学仿真模型：

(1) 由三方博弈焦点分析及支付矩阵确定系统涉及的主要变量，政府选择监管的概率 α、政府税收收益总和 R_1、监管污染企业成本 C_1、对污染企业不治理的罚金 K、监管的期望收益 U_{z1}、不监管的期望收益 U_{z2}；企业选择继续污染的概率 β、积极进行污染治理时的经济收益 R_2、污染治理成本 C_2、公众遭受损害拒绝购买该产品造成的损失 M、企业污染的期望收益 U_{q1}、不污染的期望收益 U_{q2}；公众参与治理的概率 γ、雾霾治理良好给公众带来的有形无形的利益 R_3、参与雾霾治理所付出的成本 C_3、积极参加雾霾治理获得的政府奖励 J，参与的期望收益 U_{c1}、不参与的期望收益 U_{c2}；根据变量之间的联系画出因果回路图。

(2)在因果回路图的基础上画出存量流量图，以深入区分变量(参数)的性质，其中 α、β、γ 代表存量，分别是 3 个速率变量(政府监管变化率、企业污染排放变化率、公众参与治理变化率)对时间的积分；U_{z1}、U_{z2}、U_{q1}、U_{q2}、U_{c1}、U_{c2} 为 6 个中间变量；R_1、C_1、K、R_2、C_2、J、M、R_3、C_3 为外生变量。

(3)根据式(4.1)～(4.9)写出模型中变量的关系式和方程，其中 $\frac{d\alpha}{dt}$、$\frac{d\beta}{dt}$、$\frac{d\gamma}{dt}$ 分别代表政府监管变化率、企业污染变化率、公众参与变化率，依据式(4.1)到式(4.10)可以清晰地表达出存量与速率变量、中间变量与存量、中间变量与外生变量之间的函数关系。

(4)结合实际情况给外生变量赋初值，本书假设所有外生变量均为正数，且保证每个博弈主体的各个策略的策略收益均为正，因此，对外生变量赋如下初始值：$R_1=20$、$C_1=8$、$K=15$、$R_2=40$、$C_2=10$、$J=12$、$M=9$、$R_3=10$、$C_3=5$。最终形成如图 4.1 所示的三方演化博弈系统动力学仿真模型，图中箭尾与方程中的自变量相连，箭头与因变量相连。

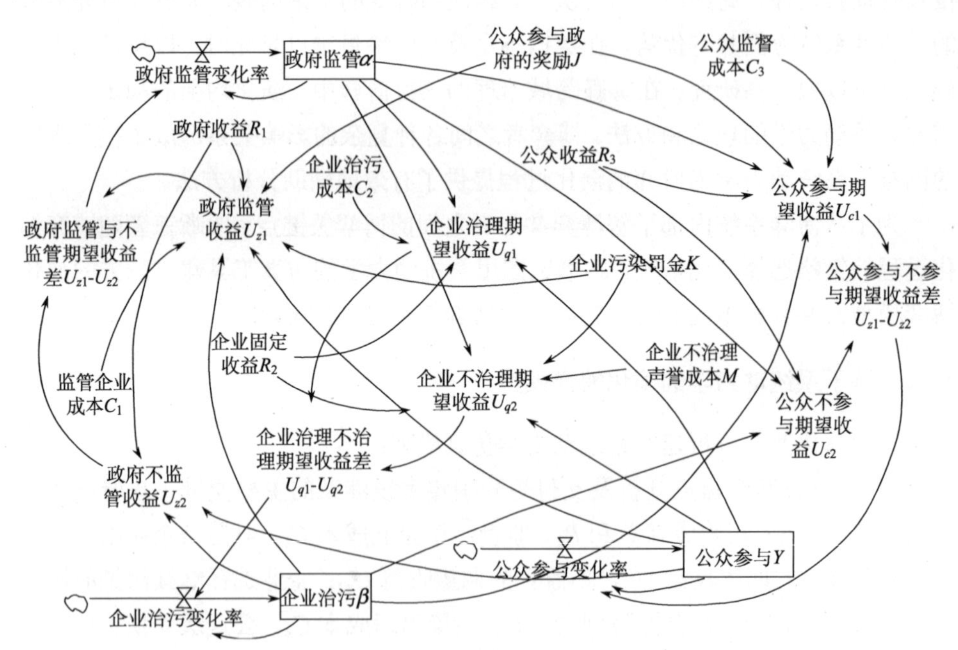

图 4.1　政府、污染企业、公众演化博弈系统动力学仿真模型

本书所有仿真值的选取均考虑各相关因素的改变对政府、企业、公众三者策略选择的敏感性分析，因此，每个仿真值并不代表各方的实际支付或收益值，对

不同的雾霾跨域治理可以根据实际实施情况赋值。

4.3.3　结果分析

演化博弈分析模型不能明晰表达均衡的原因和过程，也不能明确均衡是否唯一和稳定。即使在某一种情境下达到均衡状态，系统也会受到来自内部和外部各种不确定性因素的影响，最终博弈均衡状态很可能会被打破。基于上述假设值以及变量之间的方程，利用系统动力学的建模仿真方法，使用 Vensim PLE 软件对三方之间的动态博弈进行仿真。在仿真过程中，设置模拟周期为 100、INITIAL TIME=0、FINAL TIME=100、TIME STEP=0.5，并以 3 个主体的策略概率作为主要的衡量指标，从而对雾霾跨域治理的相关影响因素进行分析。

当雾霾跨域治理中三方博弈主体的初始值均为某种纯策略时，参与主体的策略选择均有 0 和 1 两种，分别表示(不监管、监管)、(不治理、治理)、(不参与、参与)。所以，三方主体共有(0，0，0)、(1，0，0)、(1，1，0)、(0，1，0)、(0，1，1)、(1，1，1)、(1，0，1)、(0，0，1)8 种策略组合，通过软件进行模拟可知，当三方初始状态均为纯战略时，系统中没有任何一方愿意改变当前状态来打破平衡。然而这些均衡状态并不稳定，一旦有一方或多方主动做出微小改变，均衡状态就会被打破。首先以策略组合(1，0，0)为例，该演化过程仿真结果在本书中用 run1 表示(图 4.2)。图中横向表示时间在模型初始设计时定为 100 月，纵坐标 Dmnl 是无单位的意思，表示各主体的策略选择，本章中图的横纵坐标均如此表示。

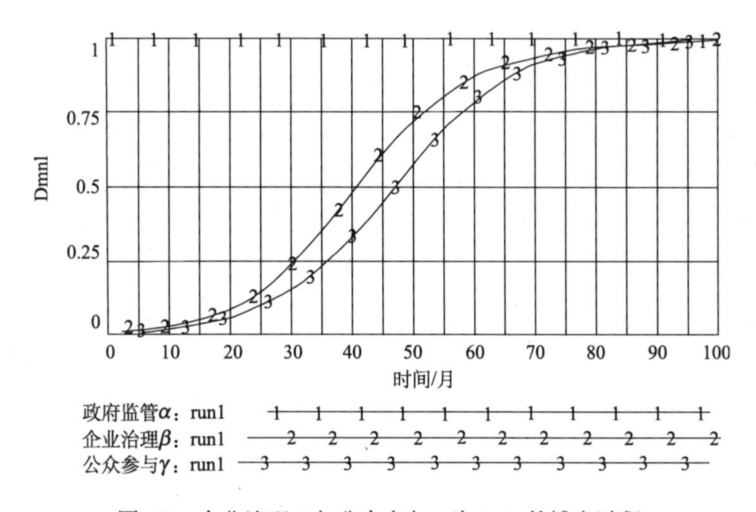

图 4.2　企业治理 β 与公众参与 γ 为 0.01 的博弈过程

由图 4.2 可知，虽然企业污染概率与公众参与概率(0.01)以一种很小的突变进行演化博弈，但是一旦它们发现采取新策略会获得更高期望收益时就会迅速转向新策略，这样通过某一方或几方的突变来调整策略从而使系统达到新的均衡状态。通过对其他策略组合进行仿真可以发现：①当企业污染从 0 到 0.01 发生突变时，最终都会在 1 达到均衡状态，说明企业选择治理是最优选择；②在公众参与治理的情况下，如果政府选择不监管，则企业不论从 0 还是从 1 开始突变进行博弈，其最终都会选择策略 0，即不努力。策略组合(0，1，0)与(0，1，1)的仿真结果分别用 run2 和 run3 表示(图 4.3)。

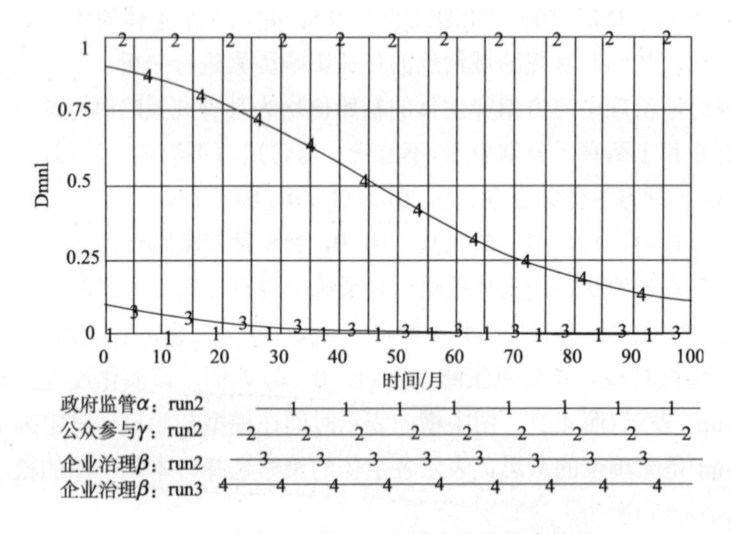

图 4.3　政府不监管企业的博弈演化仿真结果

如果政府选择监管企业，则企业不论是从 0 还是从 1 开始突变进行博弈，其最终策略都是 1，即选择治理。仿真结果分别用 run4 和 run5 表示(图 4.4)。同样在公众参与情况下，如果企业选择不治理，政府不论在哪种情况下发生突变，最终都会选择监管企业，从而导致企业选择治理策略；如果企业选择努力，政府不论在哪种情况下发生突变进行演化博弈，最终都会选择不监管，最终导致企业选择不努力，达到稳定状态(0，1，0)；而在该状态下，一旦政府有微小监管意愿，则均衡状态又会被打破，最终在(1，1，1)处达到稳定。因此，通过以上仿真分析可知，无论三方博弈主体的初始策略为哪一种纯策略，经过演化过程，最终三方主体都将达到一种稳定均衡状态(1，1，1)。

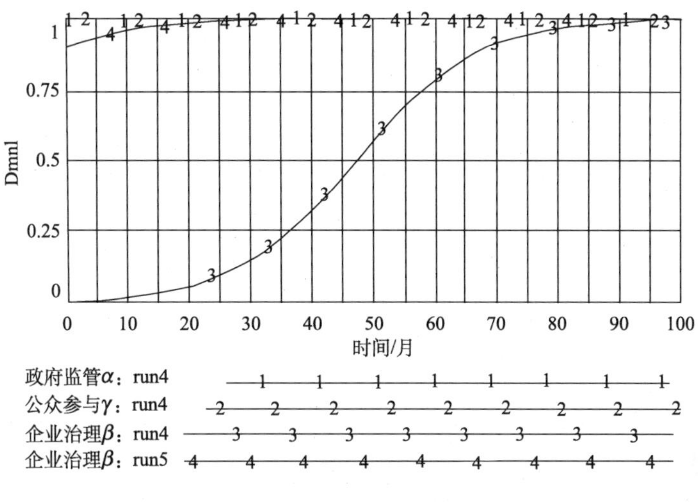

图 4.4　政府监管企业的博弈演化仿真结果

策略组合是否为均衡点取决于博弈参数的大小，即系统动力学模型中外生变量的取值，为此需研究博弈主体策略选择对外生变量的敏感性。

1. 政府选择的影响因素

为了分析政府的策略选择概率变动，首先假设其初始策略为不监管企业，并从概率 0.1 开始突变进行演化博弈。通过动态模拟，可知在 9 个外生变量中，政府对企业的监管成本 C_1、对企业污染不治理的罚金 K 这 2 个变量会明显影响其策略选择。

如图 4.5 和图 4.6 所示，对污染企业的监管成本越小，政府就越愿意对污染企业实施监管策略，而且会越快达到选择监管污染企业的均衡状态；对污染企业不努力的罚金越多，在同一时刻政府选择监管的概率就越大；对比两图可以发现，在相似策略选择趋势线中，政府对污染企业不努力的罚金 K 普遍大于自身付出的监管成本 C_1，当 K 与 C_1 相等时，政府从监管中几乎不获利。因此，其愿意选择不监管策略，一旦 K 与 C_1 之差大于 0，政府则会迅速做出对自身最有利的博弈选择，实施监管策略。

2. 污染企业策略选择的影响因素

在该阶段，选择污染企业从策略 0.01 突变进行演化博弈，在外生变量取初始值时，策略会在 1 处达到平衡，即污染企业选择治理。经动态仿真可知，污染企

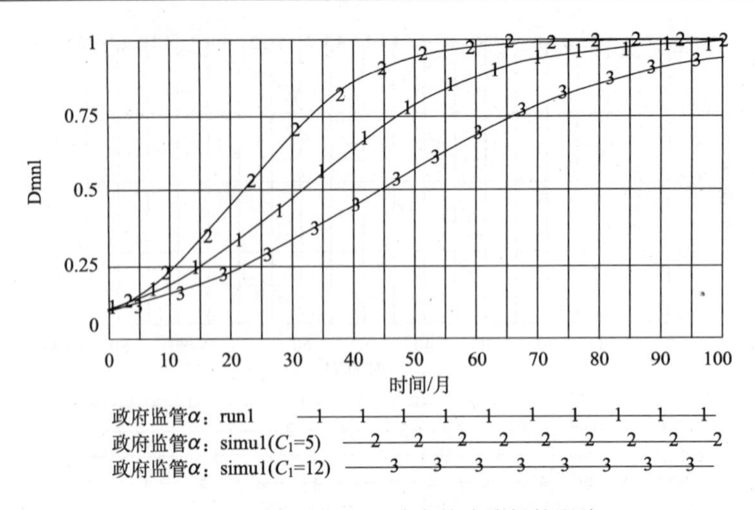

图 4.5 监管成本 C_1 对政府策略选择的影响

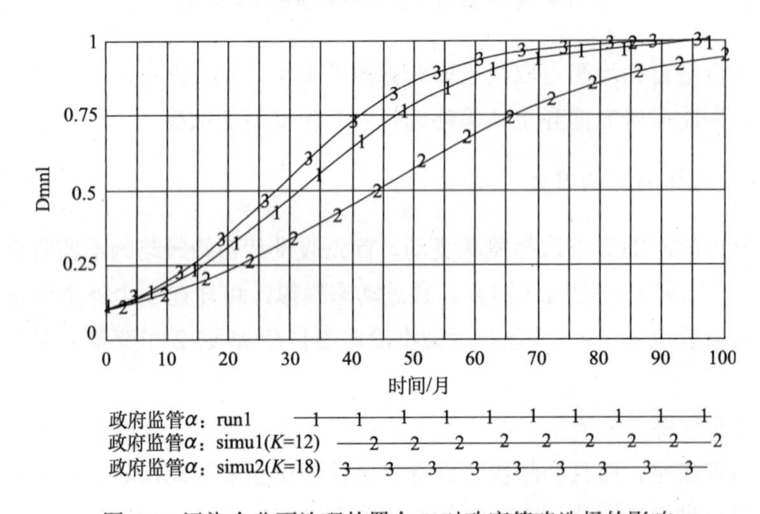

图 4.6 污染企业不治理的罚金 K 对政府策略选择的影响

业努力所付出的成本 C_2、不努力所受到的罚金 K 都会影响污染企业的策略选择。同样在初始值基础上，罚金 K 越大，努力成本 C_2 越小，污染企业达到治理稳定状态用时越短。即使当污染企业治理成本为 0 时，政府对其处以少量的罚金也不会促使污染企业选择努力。

如图 4.7 所示，当罚金 K 与付出成本 C_2 之间的差值达到特定值时，污染企业才会改变其策略选择努力，而差值小于该特定值时污染企业的治理意愿都不能达到稳定状态，差值越大污染企业策略选择受其影响就越敏感。结合图 4.6 可知，罚金越大，政府选择监管污染企业的概率越大。但是罚金 K 并不是越大越好，本书已经默认污染企业一旦选择治理就不会退出，在现实中，一旦罚金 K 超出污染企业所能承受的范围，导致污染企业压力过大，极有可能产生污染企业停止生产造成经济利益损害。同时，过高的罚金将会造成企业的集体不满，对政府其他工作的开展造成阻碍。因此，政府应选择适当的罚金，既能保证污染企业选择治理又不产生其他负面影响。

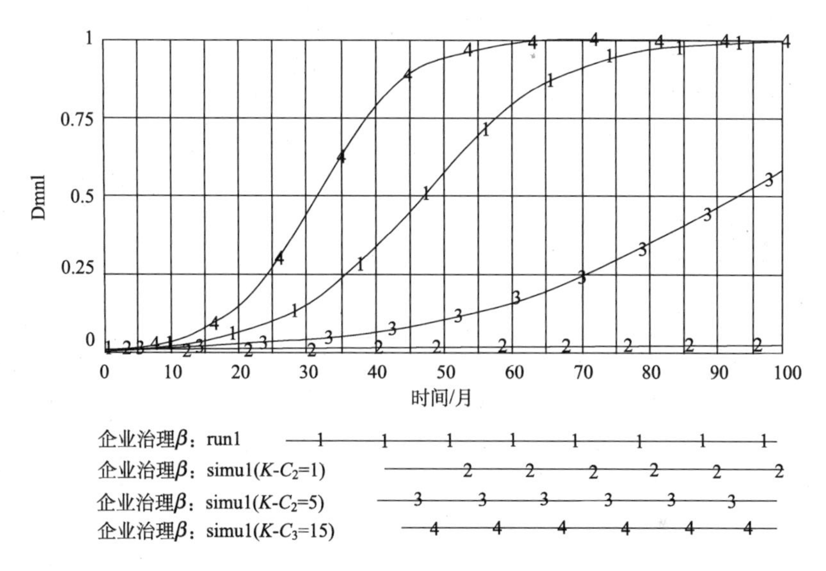

图 4.7　污染企业选择策略的影响演化

3. 公众策略选择的影响因素

在该阶段，选择公众从策略 0.01 突变进行演化博弈，在外生变量取初始值时，策略会在 1 处达到平衡，即公众选择参与治理。经动态仿真可知，与公众密切相关的 3 个变量，即选择参与治理获得的收益 R_3、参与治理产生的成本 C_3、公众积极监督治理政府的奖励 J，对其策略的选择均有较为显著的影响。

政府为使公众参与会提供奖励机制，以此来吸引公众参与，通过公众参与项目使雾霾治理更加顺利，提高政府的治理效率和企业的治理积极性。公众选择参与雾霾治理，改善雾霾天气，对经济及自身带来益处，因此，必然会做出收益对比（雾霾治理良好给其带来的有形及无形收益 R_3 与利用该时间与精力耗费的成本 C_3 对比）。如果获得的收益大于其成本，公众也不一定会选择参与项目，因为在项目实施过程中还存在污染企业，如果污染企业不治理继续污染，公众会产生不满意，为此政府会给予公众一定的奖励 J。经仿真分析可以发现，单独改变变量大小时，当 R_3 和 J 的值增加时，C_3 值减小时，公众都更愿意选择参与项目，其策略选择的变化趋势与图 4.5 和图 4.6 相似，呈现 S 型增长。当多个变量同时改变时，公众的策略选择仿真如图 4.8 所示。

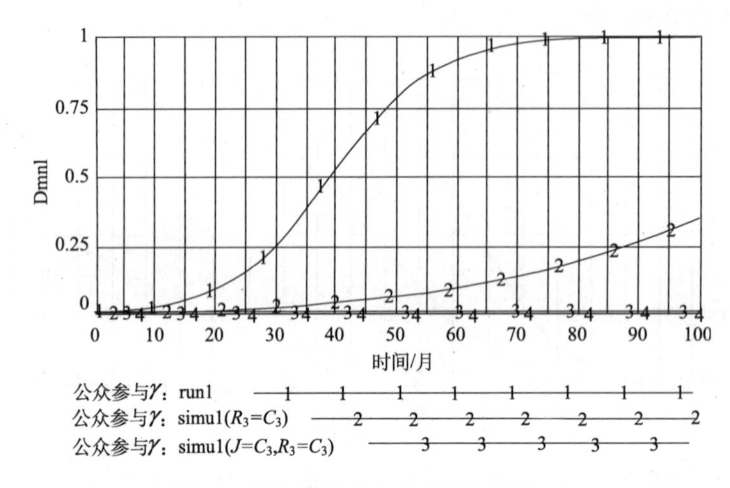

图 4.8　外生变量对公众策略选择的影响

4.3.4　主要结论

1. 政府有意愿监管的情况下，三方主体最终将达到均衡状态

在三方博弈模型中，设置合理初始参数值。经过 Vensim PLE 软件仿真，不管最初政府、企业和公众是如何选择的，只要政府有监管的意愿，不论大小，三方最终都会达到(监管、治理和参与)稳定均衡的状态。在博弈模型仿真中，可以看到政府是否采取监管策略，较大影响企业决策和公众参与。因此，在实际雾霾跨域治理工作中，要利用政府的主导地位作用，推进雾霾跨域协同治理的顺利开展。同时，三方博弈演化过程中，注意公众参与使项目更快进入稳定状态，因而作为主导者的政府应该优先选择公众参与雾霾治理监管。这一结论说明建立跨域的多元协同机制对于雾霾治理起到不容小觑的积极作用。

2. 博弈主体的策略选择受多个因素综合影响

在博弈仿真过程中，可以看到政府在选择监管污染企业时受监管成本 C_1 和对污染企业的罚金 K 影响，但是最终的策略选择取决于监管成本与监管收益之差。公众是否选择参与治理，政府承诺的补偿尤为重要。因此，公众参与雾霾治理需要政府采取积极的激励措施。在构建多元协同治理机制时，建立完善的激励政策以及合理的惩处措施将促进企业积极治理和公众主动参与治理。

3. 三方博弈中，政府处于主导地位，多元主体参与治理需制定合理措施

本书建立的三方博弈模型分为 2 个部分，首先是政府监管策略下的企业和公众选择，另外是政府不监管策略下的企业和公众选择。根据支付矩阵的演化博弈和后面系统动力学的仿真分析均可看出，政府选择不监管，虽然公众对其有监督作用，但不足以影响企业的策略改变，企业更愿意选择不治理。而如果政府选择监管，不管企业和公众的最初选择是什么，经过仿真博弈，其最终结果都是企业选择治理、公众选择参与监督治理。在雾霾协同机制的建立上，首要的前提也是区域政府的积极合作。因此，政府要承担起雾霾跨域治理的主要责任，综合采取经济、行政、法律等手段提高雾霾治理效果。同时需要注意，采取措施，要求控制力度且要注意分寸，如政府可以采取提高罚金的措施来减少企业污染，但若罚金超出企业承受范围则会起反作用。博弈模型也显示，公众的参与一定程度上影响着政府的监督和企业的治理选择。

以上结论可以看出，在雾霾跨域治理的三方博弈模型中，各个主体的行为选择都会在不同程度上影响其他主体的策略选择。在雾霾跨域治理的系统中，政府、企业和公众是三位一体的，不可分开的网络。

第5章 雾霾风险感知及风险治理

改革开放后，中国经济快速发展，人们的生活发生了巨大变化。但是，在经济发展的同时，环境污染问题也日渐严重，空气质量不断恶化，极端天气频繁发生，对人们日常生活造成很大影响。本章主要研究雾霾天气下公众对于风险的感知及反应行为，试图总结影响公众行为的主要因素，分析雾霾天气下的公众应对行为，对雾霾天气下公众的风险感知影响因素及风险治理机制进行研究。

5.1 雾霾风险感知

5.1.1 雾霾风险感知影响因素

风险感知是个体在面临特定危险时直观的态度和感受。由于心理作用，风险感知与真实风险之间往往存在偏差，但不管是风险被高估还是被低估，都反映了风险感知是个体对真实风险的主观感知和评判。危机事件发生时，对风险的规避与控制会激发公众本能地采取特定的行为保护自身免受威胁，例如通过各种渠道搜集危机信息、采取适当的防护性行为。而采取何种保护行为取决于个体对保护行为所带来的风险和收益的评价，以及采取某种保护行为所需要的知识和技能。

在雾霾事件发展过程中，人们往往接受来自各方面各时点的消息，在通过自身的判断来解释这些消息时，受到自身的认知条件和事件本身的特征左右，继而会产生一些失误判断。当这种失误产生时，如果低估危害，可能会导致人们不能及时有效地采取应对措施；高估则有可能会导致紧张、焦虑心理，进而产生一系列不理智行为。因此，要合理、理性地去衡量公共危机事件的特征要素，避免发生一些不必要的行为。

雾霾天气下，影响公众风险感知的因素主要有个体特征和社会因素。个体特征因素主要指人口统计变量，女性的风险感知水平明显要高于男性，危机事件发生时，由于女性本身的特性，往往更容易产生紧张心理，对未来事件的不可控加剧了这种现象，女性往往会采取更多措施来应对危机事件。社会影响因素主要包括政府的危机应对能力，大众传媒的信息报道、专家的影响和小道消息等。以专家的影响为例，专家作为危机管理的重要建议者角色，是否能及时高效提出相关建议，是民众合理规避风险的关键，对政府出台措施等方面影响也尤为重要。在以往发生的公共危机事件中，如果公众相信专家的判断能力，能根据专家的建议做出防护措施，则在应对灾害的时候，可以消除内心的恐慌和顾虑，战胜灾害的信心就会增强。

5.1.2　理论模型及研究假设

当大众感受到雾霾风险时，会引起一定反应。当危机事件发生时，人脑会相应地做出危机信号处理活动，在此过程中个人对于信息的处理受到外界和内在因素的双重影响，产生不同的效果。风险感知意向随之产生，人们会对风险特征产生一个大概的认识，对接下来的应对行为有基本准备。继而产生行动意向，主动出击，积极去了解雾霾相关情况，利用多种途径来认知雾霾，如雾霾的成因、危害以及如何有效地防范雾霾天气；或以一种防御性态度来面对雾霾，比如感到身体不适尤其是呼吸道疾病会去医院治疗，出门佩戴口罩等。以上两种行为即积极性应对行为和防御性应对行为(图 5.1)。

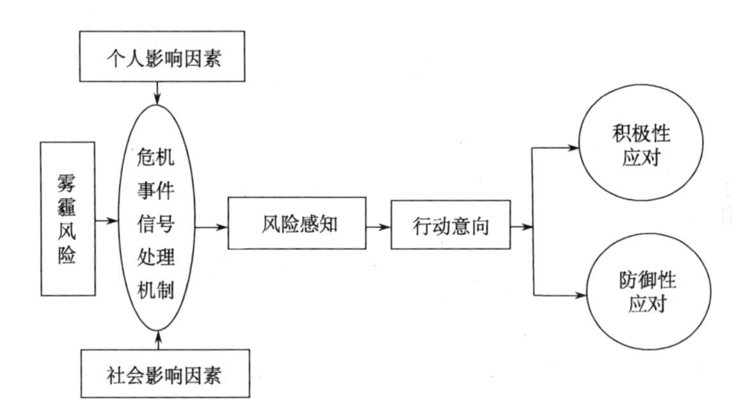

图 5.1　风险-感知-行为模型

风险感知与行为之间有内在联系。时勘等(2003)基于非典事件，根据民众的风险感知状况，将信息因素分为正性信息和负性信息，并作用于风险认知过程。李欣怡(2010)基于行动动机假设对风险感知和应对行为的关系进行研究，并提出风险感知是行为背后的主要动机，对于高危害的风险感知人们会采取不同的保护行为或者改变原有的危险行为。代豪(2014)在雾霾天气下研究公众风险感知特征以及水平和信息感知的影响因素、应对行为，风险感知水平会促使人们采取不同的方式来应对，即主动性应对和防御性应对。李婷婷(2014)利用熟悉和控制度两个维度，研究公众风险感知水平、风险评估的信息影响因素，雾霾天气下公众的心理活动和应对行动，由此提出风险规避建议。公众在危机事件中接收到的正性信息和负性信息将会对其危机应对产生不同的影响。因此，结合相关学者的研究提出假设 H_{1a}：公众风险感知与防御性行为正相关；假设 H_{1b}：公众风险感知与积极型应对正相关。

人口统计变量对公众风险感知认识也有一定影响。周洁红和李怀祖(1993)通过研究发现，在食品安全方面，男性风险感知意识高于女性，性别不同对风险感知也存在差异。宋官东(2002)指出，危机事件下风险具有不确定性，主体行为极易受客体影响，人们的行为往往受到自身认知水平限制，经常导致缺少理智的判断，进而发生一些不合理的现象。孙多勇(2007)采用前景理论研究非典中民众的购买行为，得出行为与预期相关，个人预期受到年龄、学历、居住环境等因素的影响而不同。刘金平(2010)完善风险特征方面，认为个体特征会对风险感知的衡量产生影响。王甫勤(2010)在研究中国综合社会调查数据的基础上，提出性别因素、文化程度因素以及对媒体关注程度因素，对于风险感知的有显著影响。因此，本书提出假设 H_2：人口统计变量中的个体特征对风险感知有显著影响。

5.1.3　问卷设计

根据雾霾的具体情况设计调查问卷，涉及变量包括风险认知、风险影响、应对行为 3 个维度。采用 Likert 五分制量表，测量指标的分为 1~5 个等级，各等级涵义不同，“1”表示“完全不同意”，“2”表示“不太同意”，“3”表示“一般”，“4”代表“同意”，“5”代表“非常同意”，问卷的所有项目均计正分。

风险感知的测量项选取 5 项，分别是“雾霾形成了解程度”“雾霾危害认知”“收集雾霾相关信息”“雾霾报道信任”“雾霾信息获取及时性”；应对行为测量项包括 6 项，分别是“出门佩戴口罩”“尽量减少户外运动”“主动了解雾霾的成因及危害”“呼吸道不适症状及时就医”“合理调整饮食习惯”“雾霾预防措施采用”；雾霾天气影响测量项包括 4 项，分别是“启动雾霾黄色、红色预警”“应急管理措施出台”“部分地区学生停课、车辆限行”“雾霾天气下，呼吸道感染病例增加”。

依据防护性行为决策模型的问卷量表，问卷调查对象为普通民众。抽样调查通过在网络上编制和散发调查问卷，抽样对象较为广泛，涉及社会各个阶层领域，时长为 3 个月。共有 300 人参与了问卷调查，收回有效问卷 270 份。

有效问卷构成如下：①性别：男性 140 人，占样本总数 51.85%，女性 130

人，占样本总数 48.15%，男女比例基本持平。②年龄结构：年龄在 18 岁以下有 56 人，占样本总数 20.74%；18~30 岁有 123 人，占 45.56%；30~50 岁有 70 人，占比为 25.93%；50 岁以上有 21 人，占 7.78%，由此可见，本次调查对象年龄集中在 18~30 岁。③学历层面：初中及以下有 36 人，占调查总数 13.33%；高中、中专人数为 123 人，占调查总数 45.56%；大专、本科人数为 91 人，占比为 33.7%；研究生及以上有 20 人，占比为 7.41%，被调查者的学历多集中在高中至本科。④生活环境：生活在城区有 73 人，占到了 27.04%；生活在近郊的人数为 155 人，占比为 57.41%；生活在远郊约为 42 人，占比为 15.56%，被调查者多生活在城市和郊区。⑤职业：学生有 40 人，占调查总数 14.81%；公务员 87 人，占调查总数 32.22%；公司职员有 97 人，占比为 35.93%；个体工商业者 28 人，占比为 10.37%；离休人员为 18 人，占比为 6.67%，被调查者中公司职员和公务员居多。

5.1.4　数据分析

1. 信度检验

问卷数据是否可信，要进行信度检验。根据设计问卷相关变量所设计的 3 个问卷维度的 Cronbach's α 系数见表 5.1。

表 5.1　信效度检验

变量	Cronbach's α 系数	变量个数
雾霾风险感知	0.892	5
雾霾天气影响程度	0.833	4
雾霾天气反应行为	0.858	6

雾霾风险感知，雾霾天气影响程度，雾霾天气公众反应行为，3 个维度信度检验结果的 Cronbach's α 系数值均大于 0.8，均具有较高的内部一致性，信度水平较高。

2. 因子分析

对 3 个维度的数据分别进行验证性因子分析，以检验各变量分指标的聚合效度(表 5.2)。所有因子载荷均保持在 0.6 以上，表明问卷数据的收敛效度较好。在效度分析中，问卷设计的 3 个维度的 KMO 值分别为 0.791、0.815 和 0.785，都大于或接近 0.8，比较适合做因子分析。

通过因子分析，公众反应行为可以提取 2 个公因子，分别对 2 个公因子命名为雾霾天气下积极性行为和雾霾天气下防御性行为，其公因子对整体雾霾天气下公众反应行为的方差贡献率分别为 49.476%和 30.452%，累计方差贡献率将近 80%；同理，关于风险感知方面可以提取 1 个因子，方差贡献率将近 82.832%；雾霾天气风险影响提取 1 个因子，方差贡献率达到 85.350%。

表 5.2　雾霾天气下公众反应行为验证性因子分析

维度	因子	因子方差贡献率/%	因子载荷系数	KMO 值
雾霾天气下公众反应行为	防御性行为	49.476	0.765	0.791
			0.696	
			0.696	
	积极性行为	30.452	0.832	
			0.778	
			0.792	
风险感知状况	风险感知	82.832	0.844	0.815
			0.696	
			0.832	
			0.678	
			0.732	
雾霾天气影响程度	风险影响	85.350	0.790	0.785
			0.812	
			0.853	
			0.693	

3. 回归分析

以雾霾天气下公众反应行为(积极性行为，防御性行为)和雾霾天气影响程度为解释变量，雾霾天气风险感知为被解释变量构建回归方程(表 5.3)。

表 5.3　解释变量和被解释变量相关系数

解释变量	被解释变量	Pearson 系数
风险感知	雾霾天气影响程度	0.818
公众反应行为(积极性行为)	雾霾天气风险感知	0.298
公众反应行为(防御性行为)	雾霾天气风险感知	0.223

雾霾天气风险感知与雾霾天气影响程度的相关系数为 0.818，二者呈强正相关关系；雾霾天气风险感知与雾霾天气下公众反应行为(积极性行为)的相关系数为 0.298，二者呈正相关关系；雾霾天气风险感知与雾霾天气下公众反应行为(防御性行为)的相关系数为 0.223，二者呈正相关关系。由此可见，假设 H_{1a}(公众风险感知与防御型行为正相关)；假设 H_{1b}(公众风险感知与积极型应对正相关)成立。

以风险感知为被解释变量，以雾霾影响程度、积极性行为和防御性行为为解释变量，回归分析(表 5.4)。方程总体显著，且解释变量显著性水平小于 0.05，通过 t 检验。由调整后的 R^2 可知，方程拟合较好，也支持 H_{1a}、H_{1b}。

表 5.4　线性回归检验结果

变量（解释变量）	系数	t	Sig.
雾霾影响程度	0.239	0.235	0.015
积极性行为	0.117	1.245	0.021
防御性为	0.032	1.556	0.065
R^2	0.831		
调整后的 R^2	0.690		
F 值	20.219		0.000

4. *方差分析*

不同调查者在雾霾天气风险感知上是否存在着显著性差异，可以对调查问卷所包含的 5 个不同因素(性别、年龄、学历、生活环境以及职业)进行方差分析(表 5.5)。

表 5.5　方差分析统计表

差异因素	变量	均值	标准差	Sig.
性别	男（N=140）	15.9571	2.22275	0.014
	女（N=130）	11.1615	2.59039	
年龄	18 岁以下(N=56)	14.1789	2.50895	
	18~30 岁(N=123)	13.8618	1.90050	0.045
	30~50 岁(N=70)	16.1429	2.63909	
	50 岁以上(N=21)	15.5714	2.40675	

续表

差异因素	变量	均值	标准差	Sig.
学历	初中及以下(*N*=36)	10.7500	3.09262	0.005
	高中及中专(*N*=123)	13.6992	1.97083	
	大专及本科(*N*=91)	14.3187	2.12331	
	研究生以上(*N*=20)	15.6000	3.77527	
生活环境	城区(*N*=73)	15.7260	2.86386	0.013
	近郊(*N*=155)	13.7226	2.13364	
	远郊(*N*=42)	10.1190	2.29743	
职业	学生(*N*=40)	10.1000	2.88053	0.029
	公务员(*N*=87)	13.8391	2.42982	
	公司职员(*N*=97)	13.9588	2.01514	
	离休人员(*N*=18)	14.0556	2.91996	
	个体商业者(*N*=28)	15.0000	2.44949	

由表5.5可以看出：①不同性别下被调查者对雾霾风险感知的假设检验值为0.014，故在95%的置信区间内，认为不同性别被调查者对雾霾风险感知有显著性差异，且根据均值大小得出，在本书调查结果中男性对雾霾风险感知往往好于女性的了解情况。②不同年龄段下被调查者对雾霾风险感知的假设检验值为0.045，故在95%的置信区间内，认为不同年龄段被调查者对雾霾风险感知有显著性差异。③不同学历下被调查者对雾霾风险感知的假设检验值为0.005，故在95%的置信区间内，认为不同学历被调查者对雾霾风险感知有显著性差异，且根据均值大小得出，在本书调查结果中随着被调查者自身学历程度提高，对雾霾风险感知往往越多。④不同生活环境下被调查者对雾霾风险感知的假设检验值为0.013，故在95%的置信区间内，认为不同生活环境被调查者对雾霾风险感知有显著性差异，且根据均值大小得出，在本书调查结果中城区被调查者对雾霾风险感知最多；而远郊被调查者对雾霾风险感知最少，近郊处于两者之间。⑤不同职业下被调查者对雾霾风险感知的假设检验值为0.029，故在95%的置信区间内，认为不同职业被调查者对雾霾风险感知有显著性差异。通过以上分析，在各人口统计量中，不同类别的统计量有显著差异，支持H_2假设。

5.1.5 主要结论

(1)在雾霾的风险感知方面，公众对雾霾本身的危害性以及不同暴露行为带来的危害有较高的感知水平。公众认为雾霾的危害很大，应采取相应的防护措施。因此，在雾霾天气中，政府应加强对公众开展雾霾天气的成因、危害和防护措施等的宣传，提高公民对风险事件的认知程度，以便做好相应的防护措施。

(2) 公众的风险感知水平与积极型应对行为和防御型应对行为正相关：风险感知水平越高，采取的应对行为次数越多，而且风险感知作为危机事件信息与应对行为的中间环节也得到了验证。因此，加强雾霾知识的宣传，对于提高公众的危机防范意识以及防护性行为的实施极为重要。

(3) 通过以上的分析结果可以看出，性别、年龄、学历、生活环境、职业因素对雾霾风险感知均具有显著影响。

5.2　雾霾风险治理

5.2.1　引言

目前，各国实施的环境保护政策多分为“政府管制”与“市场主导”两种模式，而政策失效或市场失灵均会造成治理效率低下与成本增加，所以，结合政府与市场的第三方力量：社会资本驱动的多主体联动环境保护行为，为解决雾霾问题提供了新视角。

社会资本被广泛应用于创新绩效提高、环境资源保护、社会问题解决等方面，学者在定性或定量分析、以社会资本为直接或间接变量等各方面都进行了深入探讨，而现有研究成果在环境问题治理方面较匮乏，且现有研究多倾向于宏观分析，缺乏对具体问题的深入探索。因此，本书以我国日趋严重的雾霾问题为研究对象，结合雾霾治理的双主体特征，将社会资本细分为政府社会资本与民间社会资本，并实证分析二者与雾霾治理绩效的相关关系；同时，引入双中间变量：协调行为与激励行为，具体研究双重社会资本的作用路径，为解决我国雾霾问题提供更具可执行性的启示。

5.2.2　理论回顾与研究假设

1. 雾霾风险治理与双重社会资本

倡导绿色经济、开展雾霾治理是我国，乃至世界一直积极倡导并开展的行动，但各国在雾霾治理上所取得的成效却相差甚远，究其原因，在于影响雾霾治理绩效的因素纷繁复杂，包括政务考核方式、经济发展模式、治理主体等。首先，发展中国家多追求经济发展而忽略环境保护，导致部分经济带动力强但空气污染严重的产业优先发展，因此，雾霾治理绩效的提高需要政府转变工作考核方式，不以经济发展为唯一标准；其次，提高治理绩效需要企业追求低碳发展，将环保理念融入企业文化，从而带动相关产业、企业以及员工关注并投身雾霾治理；Dulal等(2011)指出，依靠多主体的参与，由公民、公益组织、企业、专家和政府组成的多主体联盟，对提升治理效果具有重要意义。因此，仅靠政府单一主体不能解决复杂的雾霾问题，必须吸引公众、非政府组织等民间力量参与其中，更要从政策强制力、舆论引导力、文化感染力等多方面协同解决雾霾问题。

现有研究对社会资本的分类主要包括以下4种：①以Brown(1997)为代表的微观、中观与宏观三种分类；②以Elinor和Ahn(2009)为代表的狭义、过渡和扩展三种分类；③以Coleman(1988)为代表的个体与集体的分类；④以Nahapiet和Gho Shal(1998)为代表的结构性、关系性与认知性3种分类。而关注制度因素，Krishna和Uphoff(2005)将社会资本划分为“制度型”与“关系型”2种。“制度型社会资本”强调制度特征，以可见的外在形式表现出来；“关系型社会资本”则强调非制度特征，以内在形式嵌入在群体之中并影响群体中个体行为。而雾霾治理涉及政府、社会组织、市场组织与民众等多个主体，必须统筹包含政府与市场双方力量的社会资本，既要调动二者加强互动合作，又要激励公众与社会公知等参与过程监督，最终提高雾霾治理实效。因此，本节结合雾霾协同治理的要求，将社会资本划分为政府社会资本与民间社会资本，分别探讨二者的不同影响。同时，因为雾霾治理具有公共服务特征，企业组织较少甚至不参与其中，政府社会资本与民间社会资本不能通过政策强制力指导社会群体，而是通过补助等引导的方式促使市场组织、公众等主体参与治理。因此，本节引入社会资本作用于雾霾治理过程的两个中介因素：协调与激励。

2. 研究假设

Putnam和Robert(1995)认为政府社会资本超越个体意义，上升到更具公共属性的社会层面，而政府社会资本中规则、愿景和关系等要素的存在，有助行动者更高效地开展协作行动。因为雾霾治理属于公共服务范筹，其主体是具有管理者性质的政府，而政府社会资本主要通过强制行动者执行相关政策，通过信任机制以及社会关系给予行动者行动空间，因此，本节细分政府社会资本的两个分指标：规范与信任。具体地，要实现雾霾治理绩效的最优，就需要每一次治理行为都有法可依，要通过法律、政策等规范避免行动者只追求个人利益而忽略整体利益，要通过完备的制度保障不断降低管理与监督成本，而这些依赖规范的建设。同时，雾霾治理涉及政府、市场组织、公众等多个主体，彼此以一个共同愿景为目标而行动，愿景观念、主体间互动、信息交流等各方面必然形成稳定而深入的联系，而联系的形成则依赖于信任的产生。因此，本节提出假设 H_{3a}：政府社会资本中的规范与雾霾治理绩效呈正相关关系。H_{1b}：政府社会资本中的信任与雾霾治理绩效呈正相关关系。

民间社会资本作为政府社会资本失效时的补充，对提高雾霾治理绩效有着不可或缺的影响。Lichterman (2009) 认为民间社会资本具体包括个人与组织，这与雾霾治理需要公众的过程监督以及企业等组织的广泛参与相适应，因此，本节细分民间社会资本的两个分指标：公众层面的价值观与组织层面的组织文化。具体地，雾霾治理效果显现缓慢，经济效益不明显，但正确的价值观可以使公众形成开展雾霾治理必要性的共识，并积极投身实际治理过程中，进而降低雾霾治理的宣传与监督成本，提高治理绩效。在组织层面，组织文化作为现代企业等组织开展市场竞争的重要手段，越来越成为其发展的重要考虑因素，而不论企业或非营利性组织，与时俱进地将雾霾治理的环保理念融入其组织文化，都会受政府或市场青睐，而关注度的提升则意味着企业利润或社会认可度的提升，进而促使组织更有意愿参与雾霾治理。因而，组织文化越加关注雾霾治理，也越加对提高治理绩效产生正向影响。因此，本节提出假设：H_{2a}：民间社会资本中的价值观与雾霾治理绩效呈正相关关系。H_{2b}：民间社会资本中的组织文化与雾霾治理绩效呈正相关关系。

Talbot 和 Walker (2007) 指出网络治理以参与者间的协调与维护为基础，而双重社会资本必须通过引导的方式促使不同主体参与雾霾治理过程，因此，本节引入协调与激励双中间因素分析治理行为对雾霾治理绩效的影响。一方面，雾霾治理需要协调不同主体间的利益问题，而各主体在经济实力、治理水平等存在的差异要求治理行动不能一概而论，即需要协调分清两种社会资本在雾霾治理中所担任的角色：政府社会资本需要制定、实施规范并获得其他主体的信任，民间社会资本则需要引导公民建立正确的价值观，引导组织形成绿色发展的组织文化。而当这些做到协调统筹，治理过程中的各类矛盾才能有效化解，雾霾治理绩效水平才能得以提高。另一方面，因为雾霾治理缺乏直接、及时的反馈，因此，公众和组织需要必要的物质或虚拟激励才能形成雾霾治理的意愿，即要提高雾霾治理绩效不能只寄希望于行为主体的主观意愿，而是要通过激励机制引导主体积极参与到治理过程中。因此，本节提出假设：H_{3a}：治理行为中的协调与雾霾治理绩效呈正相关关系。H_{3b}：治理行为中的激励与雾霾治理绩效呈正相关关系。

双重社会资本对雾霾治理均有影响，这种影响既表现为直接影响，也体现在双重社会资本以两种治理行为为中介因素而产生的间接影响。Porter (1998) 认为社会网络中的规范、信任、价值观等因素在为个体或组织带来收益的同时，可以影响对象的观念与行为，因此，本节认为政府与民间社会资本对两种治理行为均有正向影响。具体地，在环境治理与保护中，Pretty (2001) 认为个体或组织的行为主要受正式规范的短期影响，但当规范所强制的行为或理念内化为日常行为时，即使规范的执行力度降低，个体或组织也会继续规范执行时的行为，而市场环境下的群体规范则具有比正式规范更强的持久性和稳定性。而 Fishbein 和 Ajzen (1975) 也指出，个体或组织的决策行为必然是在考量所处环境成本与收益基础上做出，而对集体利益维护以及为与他人意见保持一致的动机对个体或组织行为有着显著影响。因此，本节提出假设 H_{4a}：政府社会资本与治理行为中的协调呈正相关关系。H_{4b}：政府社会资本与治理行为中的激励呈正相关关系。H_{4c}：民间社会资本与治理行为中的协调呈正相关关系。H_{4d}：民间社会资本与治理行为中的激励呈正相关关系。

本节理论模型如图 5.2 所示。

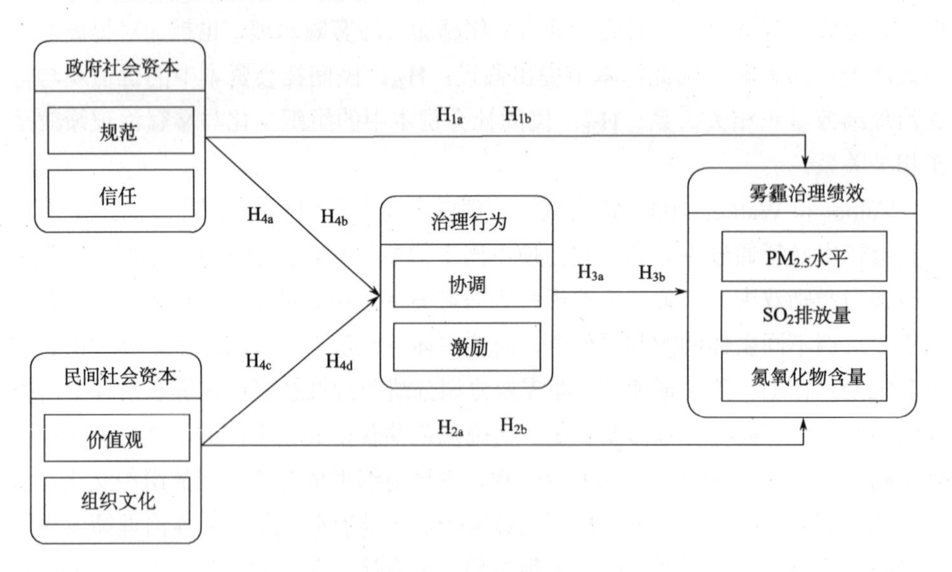

图 5.2 理论模型

5.2.3　实证研究

1. 变量测量与数据收集

本章选用 7 分制 Likert 量表，并依据研究目标进行初始调整；在广泛听取专家意见，采纳已有研究成果的基础上，对变量及其测量口径进行统筹调整；在大规模发放问卷前，选定部分目标企业及人员开展问卷的预调查工作，并根据反馈意见对问卷内容进行最终修订。具体地，需要测量的 4 个变量包括：政府社会资本、民间社会资本、治理行为与雾霾治理绩效。根据 Knack 和 Keefer(1997) 对社会资本的测量口径，本节选取规范与信任 2 个因素测量政府社会资本，选取价值观与组织文化 2 个因素测量民间社会资本；其次，考虑 Talbot 和 Walker(2007) 提出的"网络治理以参与者的协调为基础"的结论，鉴于雾霾治理的公共服务特征，对治理行为的测量通过协调与激励 2 个因素开展，并利用"主管部门指导治理主体的行为"和"治理主体间发生冲突时主管部门进行协调管理"2 个题项对协调行为进行衡量，利用"主管部门给予治理主体经济补助"、"主管部门在政策扶持上帮助治理主体行动"和"主管部门在治理过程中对治理主体进行宣传"3 个题项对激励行为进行衡量；最后，根据《中国环境状况公报(2015)》关于雾霾主要组成成分的说明，本节选取 $PM_{2.5}$ 水平、SO_2 排放量与氮氧化物含量表示雾霾水平，并由此构成问卷调查中的"雾霾状况改善程度等级评判"指标，根据问卷填写者关于雾霾改善程度的评价数据对雾霾治理绩效进行等级评估。

为保证问卷数据的真实性与可靠性，问卷发放对象包括政府环保部门、民间环保组织及个人、高校、科研院所中从事环境治理研究的老师和同学等，主要通过纸质及邮件等问卷留置的方式进行发放，并向问卷填写者介绍问卷的目的及填写方法，同时采用匿名形式消除填写者顾虑。另外，为保证数据的代表性，降低随机因素对研究结论的影响，调查问卷的发放与回收从 2016 年 2 月开始至 2016 年 7 月结束，共发放 500 份，有效回收问卷 383 份，回收有效率为 76.6%(表 5.6)。

表 5.6　样本关键特征统计表

特征	特征分布	样本数	占比/%
工作性质	政府部门	152	39.7
	非营利环保组织	84	21.9
	企业等市场组织	147	38.4

续表

特征	特征分布	样本数	占比/%
雾霾研究年限	3 年及以下	66	17.2
	3~8 年	227	59.3
	8 年及以上	90	23.5
教育程度	大专及以下	31	8.1
	本科	238	62.2
	硕士及以上	107	27.9
	其他	7	1.8
工作内容	理论研究或设计人员	224	58.5
	专业技术人员	159	41.5
工作所处阶段	计划、研究阶段	27	7.0
	实施、开展阶段	158	41.3
	瓶颈、掣肘阶段	115	30.0
	成功、总结阶段	83	21.7

2. 信度与效度检验

对有效回收的 383 份问卷数据进行信效度检验。政府社会资本、民间社会资本、治理行为与雾霾治理绩效的 Cronbach's α 系数均较高，分别达到 0.80、0.78、0.75、0.84，均大于标准值，因此，问卷调查获得的数据具有较高的信度。进而，通过验证性因子分析检验模型收敛效度。所有因素的因子载荷均大于 0.5，且显著性符合要求；其次，多个因素的组合信度均大于 0.8；同时，各变量的平均萃取变异量均大于 0.5。结果显示，此模型中的各因素均收敛于相应的变量(表 5.7)。

表 5.7　验证性因子分析

变量	因素指标	因子载荷	组合信度	平均萃取变异量
政府社会资本	规范	0.528	0.850	0.602
	信任	0.519		
民间社会资本	价值观	0.746	0.812	0.549
	组织文化	0.698		
治理行为	协调	0.738	0.803	0.536
	激励	0.637		
雾霾治理绩效	雾霾状况改善程度 等级评判	0.887	1	0.743

本节进一步分析了平均萃取变异量平方根与各潜在变量相关系数。平方根均大于各潜在变量的相关系数，说明此模型具有较好的收敛效度(表 5.8)。

表 5.8　描述性统计与相关系数

潜在变量	政府社会资本	民间社会资本	治理行为	雾霾治理绩效
政府社会资本	0.78	—	—	—
民间社会资本	0.67	0.74	—	—
治理行为	0.25	0.22	0.73	—
雾霾治理绩效	0.62	0.51	0.60	0.86

5.2.4　结果分析与讨论

1. 回归分析

(1) 分别以规范、信任、价值观、组织文化、协调行为和激励行为为自变量，雾霾治理绩效为因变量构建回归方程 1。规范、价值观、组织文化和协调行为的相关系数分别为 0.786、0.810、0.772、0.786，其与雾霾治理绩效呈正相关关系；而信任和激励行为的相关系数分别为 0.323、0.293，其与雾霾治理绩效呈较弱正相关关系。因此，验证假设 H_{1a}、H_{2a}、H_{2b}、H_{3a} 成立。回归分析后，修正假设 H'_{1b} 为：政府社会资本中的信任与雾霾治理绩效呈较弱正相关关系；修正假设 H'_{3b} 为：治理行为中的激励与雾霾治理绩效呈较弱正相关关系(表 5.9)。

(2) 各变量及因素间信效度的实证检验均达到较好水平，因此，针对假设 H_{4a}、H_{4b}、H_{4c} 和 H_{4d}，本节拟采用单一变量指标代替多重因素指标。具体地，分别以政府与民间社会资本为自变量，协调行为为因变量构建方程 2(表 5.9)，政府社会资本与协调行为的相关系数为 0.794，说明政府社会资本与协调行为正相关，而民间社会资本对协调行为则具有较弱正面影响。回归分析后，假设 H_{4a} 得以验证并成立，假设 H_{4c} 需要修正，即 H'_{4c} 为：民间社会资本与治理行为中的协调呈较弱正相关关系。

(3) 分别以政府与民间社会资本为自变量，激励行为为因变量构建方程 3(表 5.9)，政府社会资本与激励行为正相关，民间社会资本与激励行为的正相关关系较弱。回归分析后，假设 H_{4b} 得以验证并成立，假设 H_{4d} 需要修正，即 H'_{4d} 为：民间社会资本与治理行为中的激励呈较弱正相关关系。

表 5.9　回归检验结果

解释变量 \ 被解释变量	雾霾治理绩效（方程 1）	协调行为（方程 2）	激励行为（方程 3）
政府社会资本		0.794***	0.769***
规范	0.786*		
信任	0.323*		
民间社会资本		0.478***	0.587***
价值观	0.810*		
组织文化	0.772*		
协调行为	0.786**		
激励行为	0.293**		
R^2	0.768	0.721	0.756
调整后的 R^2	0.752	0.711	0.751
F 值	36.080	39.634	71.547

注：表中系数为标准化系数；

*表示置信区间为 95%，**表示置信区间为 99%，***表示置信区间为 99.9%。

2. 结构方程分析

回归分析已初步验证并修正了各变量及因素间的关系，本节将运用结构方程对模型进行路径拟合。模型的拟合指标中，Chi-square/d.f.=2.963（<3），拟合优度值（GFI）=0.810（>0.7），模型适合度（CFI）=0.821（>0.7），近似误差均方根（RMESA）=0.078（<0.1），各指标均达到可接受的标准，表明该模型的拟合度较好。结构方程的整体模型及部分参数如图 5.3 所示。

结构方程各指标的数值如表 5.10 所示，修正后的各假设均得到验证。

(1) 政府社会资本中的规范对雾霾治理绩效的路径系数为 0.711，通过显著性检验，说明政府社会资本中的规范对雾霾治理绩效具有正向影响；而政府社会资本中信任的路径系数为 0.186，说明政府社会资本中的信任对雾霾治理绩效具有较弱正向影响。验证假设 H_{1a}、H'_{1b} 成立。

(2) 民间社会资本中的价值观、组织文化对雾霾治理绩效的路径系数分别为 0.785、0.702，且显著性水平符合要求，说明民间社会资本中的价值观与组织文化对雾霾治理绩效均具有正向影响。验证假设 H_{2a}、H_{2b} 成立。

(3) 治理行为对雾霾治理绩效的路径系数相差较大：协调行为与激励行为的路径系数分别为 0.769、0.413，说明协调行为对雾霾治理绩效具有正向影响，而治理行为中的激励则对雾霾治理绩效具有较弱正向影响。验证假设 H_{3a}、H'_{3b} 成立。

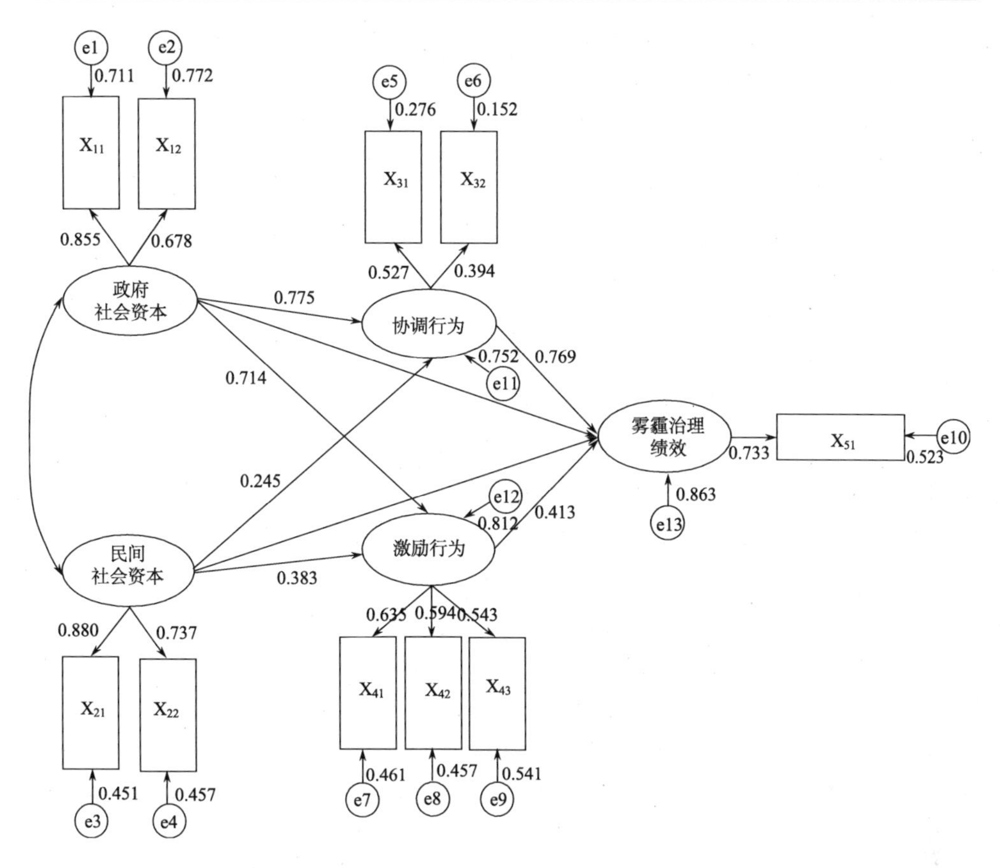

图 5.3　结构方程模型及部分参数

(4)政府社会资本对协调行为和激励行为的路径系数为 0.775、0.714，民间社会资本对协调行为和激励行为的路径系数为 0.245、0.383，说明政府社会资本对协调行为与激励行为均具有正向影响，而民间社会资本对协调行为与激励行为均具有较弱正向影响。验证假设 H_{4a}、H_{4b}、H'_{4c}、H'_{4d} 成立。

表 5.10　路径系数与对应假设检验

作用路径 \ 系数及相关指标	路径系数	S.E.	C.R.	*P* 值	对应假设	检验结果
规范→雾霾治理绩效	0.711	0.091	6.132	0.001	H_{1a}	支持
信任→雾霾治理绩效	0.186	0.028	1.727	0.013	H'_{1b}	支持
价值观→雾霾治理绩效	0.785	0.088	7.334	0.000	H_{2a}	支持
组织文化→雾霾治理绩效	0.702	0.067	6.984	0.000	H_{2b}	支持

续表

作用路径＼系数及相关指标	路径系数	S.E.	C.R.	P 值	对应假设	检验结果
协调行为→雾霾治理绩效	0.769	0.063	8.265	0.001	H_{3a}	支持
激励行为→雾霾治理绩效	0.413	0.024	3.421	0.005	H'_{3b}	支持
政府社会资本→协调行为	0.775	0.054	7.665	0.000	H_{4a}	支持
政府社会资本→激励行为	0.714	0.058	8.597	0.000	H_{4b}	支持
民间社会资本→协调行为	0.245	0.011	4.135	0.053	H'_{4c}	支持
民间社会资本→激励行为	0.383	0.020	3.731	0.001	H'_{4d}	支持

结构方程模型的分析结果与回归分析的结果一致，再次验证了相关假设。而从以上实证分析结果可以看出，以协调与激励两种治理行为为中介因素的社会资本嵌入视角的雾霾治理研究，具有区别于以往结论的特别之处。

(1)政府社会资本中的信任对雾霾治理绩效具有较弱的正向影响，而以往研究多认为二者呈较强的正向相关关系，这是因为雾霾治理具有区别于其他问题的公共服务特征。在我国这样经济快速发展的国家，公众对于雾霾治理等公共服务的关注尚有欠缺，企业等盈利性组织仍多关注业务收入而忽略社会责任，因此，建立在高度环保意识基础上的协同治理行为难以实施，进而直接制约信任因素对提高雾霾治理绩效的作用。

(2)激励行为对雾霾治理绩效的正向影响有限，而以往研究多认为激励等号召性行为有助于彻底解决问题，这是因为政策强制力在解决公共服务问题时更高效。前文已经说明，雾霾治理的公共服务特征易导致民众与组织的“不作为”心理，因此，基于社会资本的治理行为必须更倾向于行政命令或政策规定等强制力，避免出现“一人偷懒，人人偷懒”的局面。

5.2.5 结论与启示

1. *研究结论*

本节以日趋严重的雾霾问题为研究对象，从结合政府与民间双方力量的社会资本视角出发，引入协调与激励双中间因素，通过回归分析与结构方程模型深入探讨了双重社会资本、治理行为、雾霾治理绩效间的关系。

(1)社会资本对雾霾治理绩效的正向作用包括直接影响与间接影响。通过实证分析可知，政府社会资本中的规范以及民间社会资本中的价值观与组织文化，都与雾霾治理绩效呈显著正相关关系，且政府社会资本中的信任也与其呈较弱正相关关系，说明双重社会资本对雾霾治理均有显著、正面的直接影响；而治理行为对雾霾治理绩效有正面的直接影响，协调与激励行为对雾霾治理绩效的路径系数分别为 0.769、0.413(表 5.10)，双重社会资本又与两种治理行为有正向相关关系，政府社会资本对协调与激励行为的路径系数分别为 0.775、0.714，民间社会资本对协调与激励行为的路径系数分别为 0.245、0.383（表 5.10），因此，政府与民间社会资本对雾霾治理绩效的正向影响还表现为两种治理行为的间接影响。

(2) 比较于民间社会资本在雾霾治理问题上的强影响，政府社会资本中信任的正向影响力不显著。以往多认为政府在解决公共问题上具有优势，而规范、价值观、组织文化影响雾霾治理绩效的路径系数均大于 0.7，而信任因素的路径系数则为 0.186，说明在以政府社会资本为主导的前提下，开展雾霾治理还需要大力鼓励民间社会资本的参与，在个人与组织层面积极引导环境保护文化的形成与宣传(表 5.10)。这是本书得到的区别于以往研究成果的结论。这是因为雾霾治理作为公共服务范畴，治理效果难以量化，短期内难以获得经济效益，因此，信任因素不能调动起以赢利为目的的市场经济组织的治理积极性，从而制约政府、市场组织、公众等多主体共同参与、协同治理的整体绩效。

(3) 雾霾治理作为公共服务内容，具有强制力性质的协调行为比倾向口号性质的激励行为更具影响。上文已经提及，作为公共服务的雾霾治理需要强制力加以规范，而不能仅靠鼓励、宣传等激励手段，必须通过法律政策等规范，通过政策性补贴等方式约束治理主体达到治理效果，避免出现“一人偷懒，人人偷懒”的恶性博弈。这也是本书得到的新结论。但鼓励协调行为并不意味着放弃激励行为，激励行为对雾霾治理绩效的路径系数也达到 0.413，这说明在公众对雾霾治理形成的高度认识与自觉前仍需要协调行为发挥主作用力(表 5.10)。

(4) 政府社会资本比民间社会资本更具公信力，更能调动主体积极实施治理行为。政府社会资本对协调和激励行为的路径数分别为 0.775、0.714，而民间社会资本的分别为 0.245、0.383(表 5.10)，这是因为公共服务的供给主体为政府部门，而不论出于思考惯性，还是出于对雾霾治理主体力量的考虑，公众都更倾向响应政府号召，因此，尽管双重社会资本与雾霾治理绩效均呈正相关关系，但政府社会资本仍需发挥主体作用。

2. *治理启示*

从双重社会资本视角研究雾霾治理问题，本书得到一些区别于以往研究成果的结论，结合我国雾霾主要成因、公共服务供给等具体国情提出相关治理建议，对提高雾霾治理绩效具有重要意义。

(1)政府社会资本作为雾霾治理的主体，需要积极发挥规范与信任等因素的积极作用，尤其是要补足我国在环境保护政策、法律等规范层面的缺陷。因此，一方面，政府需要加快颁布相关法律法规，弥补《中国环境保护法》在废弃物排放指标等雾霾方面的制度空缺，并根据经济社会发展需要及时修订相关政策；另一方面，需要积极推进法律政策的落实落地，加强对法律主体的监管，对触犯相关雾霾治理规定的主体严惩不贷，尤其是在东北或中西部等产业结构偏重工业的地区，也要有“抓铁留痕”的决心来执行相关规定。另外，政府需要加强与市场主体、公众等的互动联系，例如召开听证会倾听社会各方的声音，引导不同主体参与和推进雾霾治理规范的制定，促进信任在政府与各主体间形成，实现从“治理”向“善治”的转变。

(2)积极引导公众树立雾霾治理的环保价值观，引导社会组织将绿色发展融入企业文化。①需要从基础教育入手，加强义务教育与高等教育的环境保护宣传，提高青少年的雾霾治理意识，例如在内容上更加强调和宣传环保理念、实施绿色环保印刷等；②政府社会资本需要引导电视、网络、广播、报纸等媒体关注雾霾问题，通过时事舆论在全社会形成关注环境保护的良好风尚；③褒先贬弊，通过给予部分在雾霾治理上做出重要贡献的企业以实际利益，严惩甚至关停一些对环境污染严重、废弃物排放不达标的企业，引导其他企业关注绿色经济，减少SO_2、氮氧化物的排放。例如2008年奥运会期间，北京关停周边工厂，又如APEC会议期间，出现的“APEC蓝”等。

(3)政府与民间社会资本作为雾霾治理的两大主体，需要关注协调和激励两种治理行为。雾霾治理必定需要双重社会资本的共同努力：政府推行相关法律法规，加强监管和查处力度；民间社会资本包括公众和社会组织，公众需要树立正确的雾霾治理价值观，积极发挥舆论与监督的作用，社会组织也需要培养自己的环保文化，为雾霾治理宣传树立良好典型。例如联合国发起的“世界地球日”等全球性的公益活动正演化成一种文化，潜移默化地引导公众关注并投身解决雾霾等环境问题。此外，政府需要认识到雾霾治理成果的实际物质激励并不明显，但要明确雾霾问题的解决是对公众基本生活条件的极大改善，促使政府获得激励，进而使得政府办事效率得以提高，更加有意愿解决雾霾等环境问题；而公众和社会组织也要认识到雾霾问题影响全社会，只有彻底解决全社会的雾霾问题，个体才能从中受益。

5.3　本 章 小 结

本章以中国的雾霾问题及民众对风险感知状况为研究对象，探讨影响公众风险认知的影响因素和应对行为，在此基础上展开了一系列的探讨研究，并以调查问卷的方式辅助。

(1) 在雾霾的风险感知方面，公众对雾霾本身的危害性以及不同暴露行为带来的危害有较高的感知水平。公众认为雾霾对人体健康的危害很大，应采取相应的防护措施。因此，在雾霾天气中，政府应加强对公众开展雾霾天气的成因、危害和防护措施等的宣传，提高公民对风险事件的认知程度，以便做好相应的防护措施。

(2) 从行为导向机制来看，风险感知对公众的行为产生显著影响。而且风险感知程度对应对行为有显著影响。在雾霾天气状况下，公众往往采取各种应对行为来降低风险的危害，比如：出门佩戴口罩、外出归来立即清洗面部及裸露肌肤、部分程度上减少户外运动和出行等。由此可见，合理的、有针对性引导将有助于降低雾霾产生的危害，避免公众的一些不合理行为。

(3) 以问卷调查数据为研究基础，将社会资本细分为政府与民间两个变量，研究双重社会资本的不同影响，运用结构方程模型分析探讨双重社会资本、治理行为与雾霾治理绩效三者间的关系。结果表明，双重社会资本对治理行为与雾霾治理绩效均有正向影响，两种治理行为均起到正向中介作用。特别地，具有公共服务性质的雾霾治理需要政策强制力来保障落实，具有号召性的信任因素与激励行为的正向影响有限。

第 6 章　雾霾风险分析与评估

本章基于国内外等级全息建模方法和风险识别与过滤研究的已有成果，针对雾霾风险来源复杂性的特点，从方法论的角度，将等级全息建模法探索式地引入到雾霾风险识别与过滤的研究中，从多维度识别雾霾的风险因素，并建立识别雾霾风险因素的等级全息模型；通过定性分析与定量分析相结合，对雾霾风险因素进行过滤和评级研究，识别出造成雾霾天气的主要因素，并运用故障树分析法对雾霾风险因素进行评价，为雾霾治理提供一些预防和防控对策。

6.1　风险分析和评价的相关方法

6.1.1　等级全息建模

1. 风险定义

Kaplan 和 Garrick（1981）对风险定义如下

$$R=\{<S_i,\ L_i,\ X_i>\} \tag{6.1}$$

其中，S_i 为第 i 个风险情景；L_i 为第 i 个风险情景发生的可能性；X_i 为第 i 个风险情景引起的后果。

后来，Kaplan 和 Garrick（1981）对风险的定义又进行了扩充：

$$R=\{<S_i,\ L_i,\ X_i>\}_c \tag{6.2}$$

引入下标“c”表明风险情景集$\{S_i\}$具有完整性，这个情景集包含所有可能的，或至少所有重要的场景。

S_0 指的是一种理想的情景，这种情景是不出意外、按照计划进行的。由此可见，风险情景 S_i 是通过 S_0 演绎出来的。在不同领域中，使用不同风险分析方法，这些方法经过融合成为风险分析的系统方法。当这些系统方法一般化后，加上对风险的预期，这样就构成情景构建理论。

等级全息建模可以作为情景构建理论的一部分；同时，情景构建理论也可以作为等级全息建模的一部分，它们是一种相互包含的关系。根据一般化的等级全息建模的方法，情景构建的不同方法针对同样的基本问题可以产生不同的情景集

合。在这个基础上，需要进一步明确风险的定义。在对风险进行量化时，我们定义风险为

$$R=\{<S_a, L_a, X_a>\}, \quad a\in A \tag{6.3}$$

其中，指标 a 一般是不可数的，集合 A 同样是不可数，而且是无限的。

结合公式 $R=\{<S_i, L_i, X_i>\}_c$ 和 $R=\{<S_a, L_a, X_a>\}$，$a\in A$，每一个 S_i 可以被看做是 S_A 的一个子集，在特定目的下，情景集 $\{S_i\}$ 是完备的、有限的、分离的。

2. 风险识别

风险识别是风险管理者识别风险来源、确定风险发生条件、描述风险特征并评价风险影响的过程，它是风险管理的基础和首要步骤。风险识别的方法有很多，其中常用的方法有以下几种：

(1) 德尔菲法。主要依赖于各领域的专家丰富的理论和实践经验，对系统潜在的风险进行分析与估计。这个方法是通过调查人员与专家之间互通匿名信函的方式完成，这有利于专家给出客观的、不受第三方影响的意见。

(2) 头脑风暴法。即通过座谈会的形式，召集相关领域的专家，然后各自尽可能地畅所欲言，提出创造性的意见，通过对这些意见进行综合整理，形成风险分析基础。这种方法简单易行，被广泛应用于各领域的风险识别中。

(3) 风险表核对法。对之前系统所发生过的风险进行总结分析，从而形成风险核对表的基础。核对表一般按照风险来源排列，通过与系统现状的对比，发现和分析当前可能面临的风险状况。这种方法主要依赖于专家经验，有一定局限性。

(4) 故障树分析法。采用分层图解的方式，把一个系统的大故障分解成若干小故障，从而进行分层次的分析识别。这种方法可以比较全面系统地分析所有的故障原因，适用于一些技术性较强以及比较复杂的系统风险分析。

(5) 情景分析法。在使用时，假设造成风险的关键因素可能发生变化，从而构造成多种故障情景，并且分析可能会出现的结果，以便及时采取预防措施以降低风险发生可能，适用于风险因素比较多的系统风险分析。

3. 等级全息建模

等级全息建模(hierarchical holographic modeling，HHM)作为一个系统、全面识别风险源的方法，被广泛应用于众多领域的风险识别。在 HHM 模型下，我们可以多层次、多角度分析一个系统内不同的特征和本质。

术语“全息”一词来源于一种无透镜摄影技术，这种技术能够获取三维图像。

在等级全息建模中，“全息”的意思是指从多个维度来识别系统所面临的风险，如经济、健康、技术、政治、社会等，但不仅限于以上几个方面。在一个复杂系统中，风险的来源往往是多方面，因此，要求我们在辨识风险的时候必须站在不同视角上，全面地分析风险来源，尽可能多地识别出系统面临的可能风险情景。

等级全息建模中的“等级”指的是系统某个方面各个层次上的风险。观察者或者说决策者观察问题的角度不同，所看到的风险也不相同。在一个组织管理中，高层管理者关注到的风险与基层管理者关注的风险往往不同，区别在于一个是宏观的而一个是微观的。大多数的时候，宏观风险发生的可能性相对较大，但是在特殊情况下，微观风险可能对系统造成的危害更大，这就要求我们在识别风险时候要兼顾不同层级下的风险因素。

HHM 模型多视角、多层次的优势使系统风险分析更具现实性。此外，HHM 模型还可以更直观地评估各子系统的风险及其对整个系统的影响，并且对于不同子系统间错综复杂的关系能够建立模型进行分析。

HHM 模型具有以下 4 个优势：①模拟系统的全息图有助于确定绝大多数的风险来源和不确定因素；②提高捕捉系统和其他社会因素不同方面的能力，使得建模的稳定性和可靠性得到增强；③对于在建模开发中可用的数据，它提供了更详细的响应度，认识针对一个复杂系统使用一个模型是不行的，一个复杂系统的建模需要对系统的各个方面进行具体描述，这使得整个建模过程更加具有现实意义；④对大规模复杂系统相关的多层次、多目标及决策者在内的众多等级具有更高的响应度。

6.1.2 风险过滤、评级与管理方法

通过 HHM 模型识别出的风险是非常复杂的，但是有些风险因素发生的可能性非常低，或者造成的影响不是很大。因此，在识别风险基础上，需要对众多风险因素进一步过滤，得出关键风险因素。

1991 年前后，美国 CRMES(Center for Risk Management of Engineering System) 为美国国家航空航天局 (NASA) 开发了风险评级与过滤方法 (Risk Ranking and Filtering Method，RFM)。在这个基础上经过改进，形成了风险过滤、评级与管理方法(Risk Filtering，Ranking and Management Framework，RFRM)。

风险过滤、评级与管理方法由以下 5 个阶段构成。

(1) 情景辨识。构建一个 HHM 模型来描述系统的“按计划”或者“成功”情景。在这个模型中，每一个子话题都代表着一类风险情景。

(2) 情景过滤。在情景辨识阶段中被识别的风险情景根据决策者的职责和利益进行过滤。HHM 模型中子话题的数量非常多，并不是所有子话题对系统都有直接影响。这个阶段的过滤主要基于专家经验来完成。

(3) 双重标准过滤与评级。通过对风险发生可能性以及造成的结果进行定性分析，剩下风险情景在这一阶段中进一步过滤，风险过滤仍然在子话题的等级中完成，但方式更接近于定量化处理。

将风险发生的可能性，或者说概率划分为 5 个离散范畴，同时根据影响严重性将风险的后果分成 4~5 个范畴，把这 2 个标准放入风险矩阵中，就形成了风险严重性等级矩阵。每个单元格都表示风险发生的可能性与后果的结合，并且代表着严重性等级的划分，如美国国防部的序数风险矩阵(表 6.1)。

表 6.1　风险矩阵示例

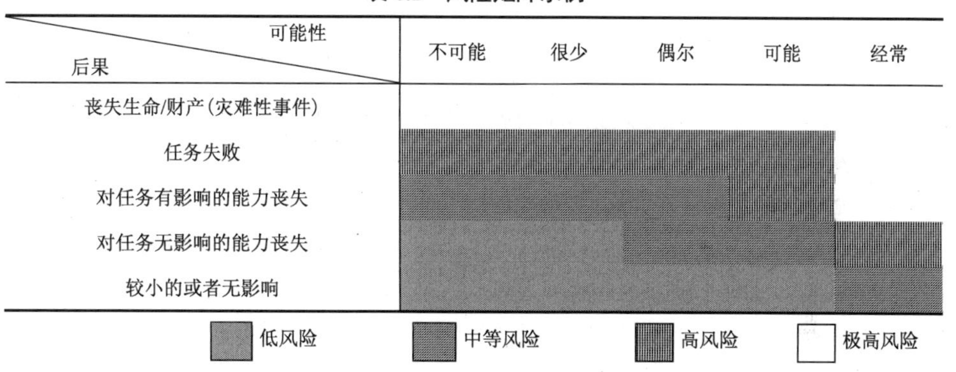

(4) 多重标准评估。过滤评级过程，低风险因素和中等风险因素被过滤掉，剩下风险是需要重点关注的因素。这一阶段中，对这些风险的多重标准评估需要我们考虑其对系统的复原力、强健性和冗余性的影响。风险情景击溃系统的防御能力共有 11 个标准(表 6.2)。

表 6.2　击溃系统防御能力的风险情景的 11 项一般标准

不可察觉性	某一情景的初始事件在损害前无法发现的模式
不可控性	通过采取措施也没有控制方法阻止损害
多种故障方式	很多甚至未知的故障方式损害某一系统情景
不可逆性	不利条件无法恢复到原始状态的可用的事前条件
影响持续时间	不利影响后果持续很长时间的情景
连锁影响	不利条件能够很容易对其他系统或者子系统造成影响，而且不能被遏制的情形

续表

运作环境	由于外部压力产生的情景
损耗	由于使用而导致系统性能降低的情景
软硬件/人/组织	不利的影响后果通过多个子系统间的交界得以放大的情景
复杂性/紧急性行为	虽然了解系统水平的行为潜能及构件和相互作用规律，但仍不可预见的行为
设计不成熟度	不利后果与系统设计的新颖性或概念性有关，此时，系统设计缺乏已经证明了的概念

作为辅助，依照每个标准，可以把情景分为高、中、低 3 个等级，每个级别分别代表这 11 项标准的不同的风险情景。根据这个分级的综合结果来判断风险因素对系统的影响能力(表 6.3)。

表 6.3　按照 11 项标准评价风险情景

标准	高	中	低
不可察觉性	未知或不可察觉	察觉迟	察觉早
不可控性	未知或不可控制	不完善的控制	容易被控制
多种故障方式	未知或很多	较少	单一
不可逆性	未知或不可逆	部分可逆	可逆
影响持续时间	未知或很长	中	短
连锁影响	未知或很多连锁影响	很少关联	没有关联
运作环境	对运作环境敏感程度未知或者高	对运作环境敏感	对运作环境不敏感
损耗	未知或多	有一些	很少
软硬件/人/组织	对交互界面没敏感性未知或者高	对界面敏感	对界面不敏感
复杂性/紧急性行为	未知或者高复杂度	中等复杂	低复杂度
设计不成熟度	未知或者高度不成熟的设计	不成熟的设计	成熟设计

(5) 定量评级。在这一阶段中，利用贝叶斯定理和相关资料，量化每一种风险情景发生的可能性，并建立风险发生的可能性与风险后果等级的风险矩阵。经过以上 5 个阶段过滤，基本可以过滤出一个系统的主要风险源(表 6.4)。

6.1.3　故障树分析法

故障树分析法是系统风险分析与评价的一种主要方法，是一种逐步演绎的分析方法，在评估复杂工程系统安全性和可靠性等方面具有重大现实意义。它可以

表 6.4　加上定量分析后的风险矩阵

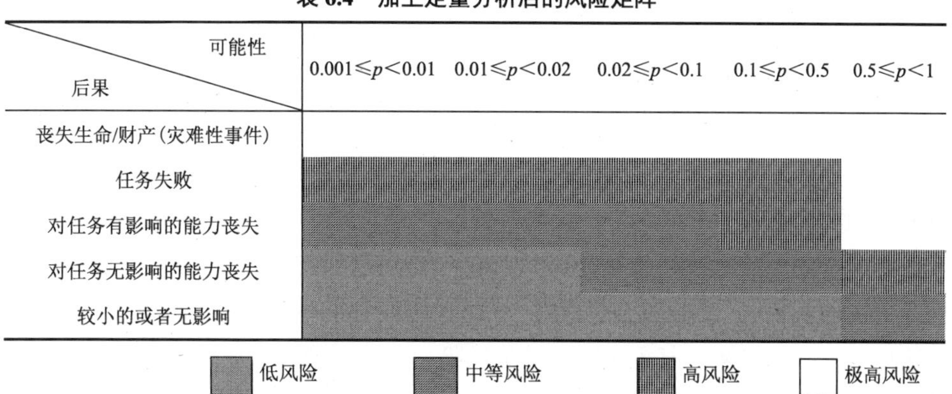

后果 \ 可能性	$0.001 \leqslant p < 0.01$	$0.01 \leqslant p < 0.02$	$0.02 \leqslant p < 0.1$	$0.1 \leqslant p < 0.5$	$0.5 \leqslant p < 1$
丧失生命/财产(灾难性事件)					
任务失败					
对任务有影响的能力丧失					
对任务无影响的能力丧失					
较小的或者无影响					

低风险　中等风险　高风险　极高风险

用来鉴别系统中的潜在风险或者导致系统出现故障的可能原因，故障树分析法逻辑性强，能够形象展示故障原因，因此，具有很大实用性。它不仅能够对风险进行定性分析，还可以进行定量分析。

要对一个系统进行故障树分析，首先要确定故障树的顶事件，即不希望在系统中出现的状况。确定了顶事件之后，接下来就需要把所有可能导致这种状况出现的途径都找出，包括中间事件和底事件，然后由上至下，分层建立故障树分析模型。

故障树是一个图示模型，是由会导致被定义的不期望事件出现的故障的各种串联和并联组合。在故障树模型中，这些故障与系统组成部分相关联，从顶事件开始直到底事件结束，由结果到原因进行分析(图 6.1)。

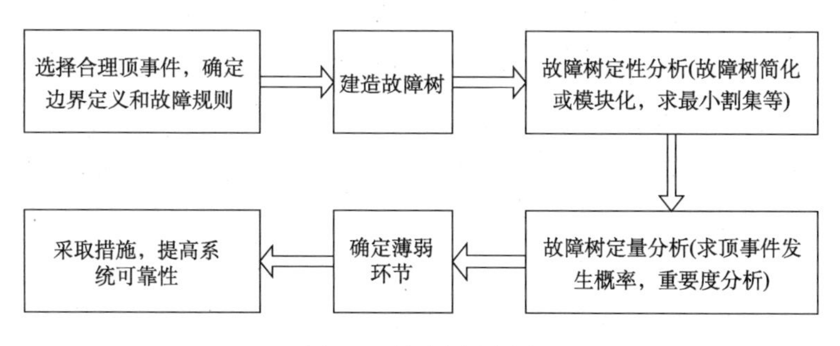

图 6.1　故障树分析步骤

6.2　基于 HHM 模型的雾霾风险识别

6.2.1　雾霾风险因素分析

根据 HHM 模型方法来识别雾霾风险，首先要尽可能找出造成雾霾天气的风险源。图 6.2 描述了雾霾风险来源的子系统，其中，每个风险来源都是从一种角度或者一个侧面显示其对雾霾天气的影响。这些风险来源有可能单独，也有可能结合着造成雾霾天气。通过分析雾霾天气的成因，可以将雾霾的风险来源归结为：自然风险、人为风险、气象风险、经济风险、政治风险、文化风险、技术风险 7 个方面(图 6.2、表 6.5)。

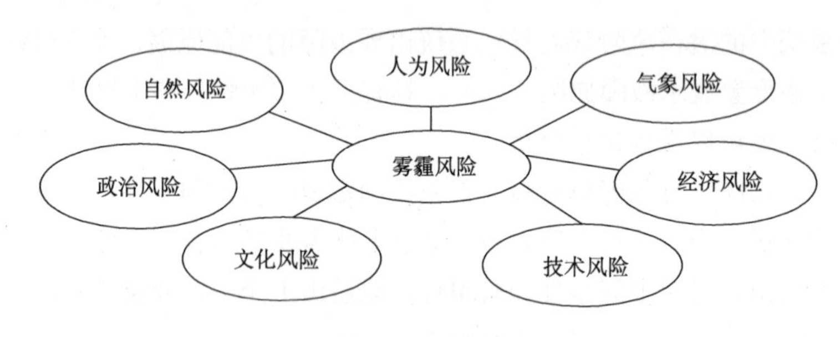

图 6.2　雾霾风险来源

(1) 自然风险。自然因素对雾霾的影响不可小觑，扬尘会造成空气中悬浮颗粒物加剧，其他自然灾害包括火山喷发、森林燃烧产生的烟尘、沙尘暴颗粒等均对雾霾的产生影响更大。

(2) 气象风险。气象条件对雾霾的影响主要表现为水平方向静风现象增多。风力作用减弱，导致城区大气中悬浮颗粒向外扩散受阻，从而使得颗粒物积累；另外，垂直逆温现象使得空气的垂直运动受到严重影响，近地面或者低空中的悬浮颗粒难以向高空扩散。空气湿度、季节性的气温差异都是导致雾霾产生的因素。

(3) 人为风险。人类活动也是造成雾霾天气的主要原因。工业生产活动产生的废气废物加剧了城市空气污染。冬季燃煤取暖等能源活动向空气中大量排放烟尘颗粒物。此外，冬季空气干燥，地面搅起的扬尘在空气中充当了凝结核。城市里机动车大量排放的尾气不易扩散也严重污染了空气。

(4) 政治风险。从政治层面这个视角来看，国家宏观政策、经济发展政策、《环保法》和《大气污染防治法》等相关环境保护法规的完善与落实，政府的监督与管理以及雾霾等恶劣天气治理措施的出台等，都从某种程度上对雾霾天气产生影响。

(5) 经济风险。从经济发展角度来看，冬季的能源消耗相对较高，工业化以及城市化建设产生的污染，越来越多的机动车辆，建筑粉尘与工业排放的粉尘混合等，形成了厚重的雾霾微尘物质基础。我们的经济发展模式以及能源结构等都会对其造成巨大影响。

(6) 文化风险。雾霾天气近来才被逐渐关注，传统教育中对环境保护意识的教育还不够，防治和保护大气环境的意识还有待提高。

(7) 技术风险。主要包括有没有合理的城市建设规划、先进的环境保护工艺技术以及准确的气象预报系统。

表 6.5　基于 HHM 模型的风险来源识别方法分析雾霾的风险来源

风险分类	风险来源
自然风险	地理位置、土壤扬尘、海盐扬尘、火山喷发、森林燃烧烟尘、沙尘暴颗粒物
人为风险	工厂废弃废物排放、燃煤等能源活动、机动车尾气排放、生活污染排放、工程施工、楼群密集
气象风险	水平静风、垂直逆温、季节气温、风向风力、空气湿度
政治风险	宏观政策、法律法规、监督管理
经济风险	工业化、经济发展模式、能源结构、公共设施建设、生活水平
文化风险	伦理、传统道德文化、环保意识教育
技术风险	气象预报、城市规划建设技术、环保工艺

6.2.2　雾霾风险识别的 HHM 模型

HHM 模型一般用来识别大型复杂系统的风险情景，这里我们把雾霾风险也当做一个复杂的风险系统，并且从多角度、多层次对雾霾风险情景进行组织和展示。综合分析内容，构造识别雾霾风险的 HHM 模型。低层次的风险因素可能存在交叉的现象。例如，人为风险中的“工厂三废排放”与经济风险中的“工业化”在某种意义上存在交叉，这是 HHM 模型的特征决定(图 6.3)。因为我们建立雾霾风险 HHM 模型是为了对风险情景进行充分且全面识别，主要是定性分析，而不是对其进行量化。所以在对风险的定量分析中，交叉的部分会被分离开来，以保证风险不会被重复计算。

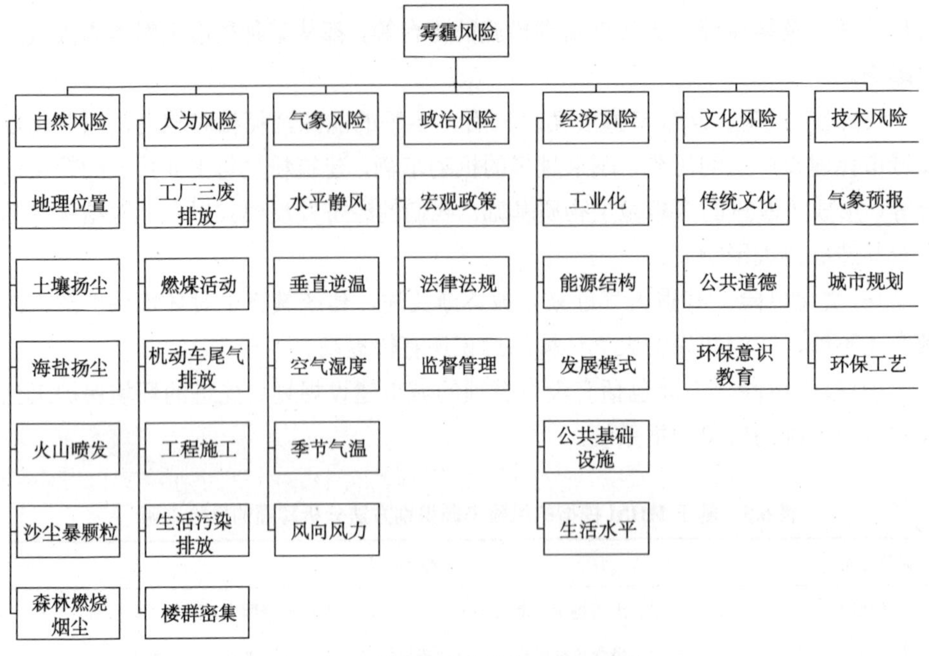

图 6.3　识别雾霾风险的 HHM 模型

对于一些风险决策者来说，可能只关注一个层级因素或某两个层级之间风险因素的相互作用，此时我们可以基于一个特定的视角，通过等级全息子模型来探讨某因素或者某两个因素的关系。在人为因素风险子模型下，风险决策者将重点关注人为风险对雾霾的影响以及其与经济风险之间的相互作用(图 6.4)。例如，在现实生活中，燃煤等能源活动对空气有很大的污染，然而这又跟我国目前的能源结构有很大关系。因此，通过子模型，可以探讨它们之间的相互关系。等级全息子模型在特定视角下关注某一个层面对整体系统的影响，从这个方面来说有一定的现实意义。

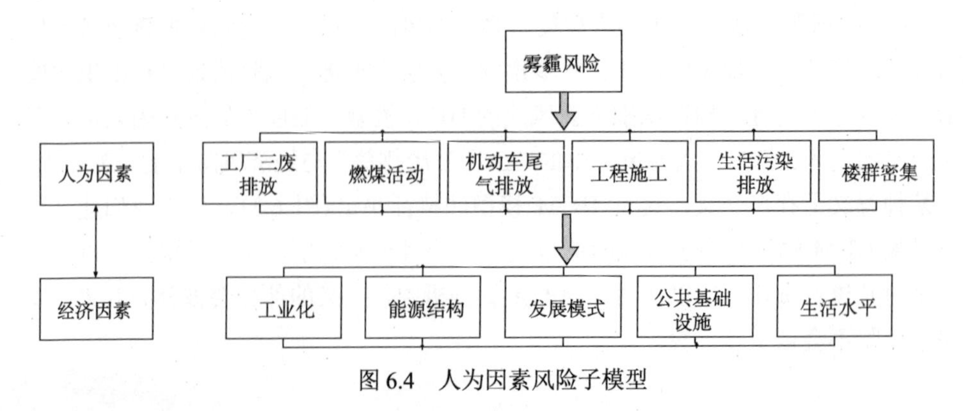

图 6.4　人为因素风险子模型

6.3　基于 RFRM 的雾霾风险过滤

6.3.1　雾霾风险初步过滤

构建识别雾霾风险的 HHM 模型，是完成 RFRM 第 1 个阶段——情景辨识。接下来我们根据 RFRM 的第 2 个阶段，进行雾霾风险的初步过滤。不同的决策者，或者是基于不同的视角，对风险情景的认识肯定不同。在这一阶段中，对风险情景进行过滤的主要依据是风险决策者所处的角度、职责和利益等，包括决策水平、范畴和时间域。这些工作主要根据相关专家的经验进行判断。为了确保风险过滤的准确性，通过相关文献，结合我国雾霾天气现状，在一级雾霾风险因素中，过滤掉技术风险。二级风险因素中，经济风险中的公共基础设施和生活水平被过滤（图 6.5）。

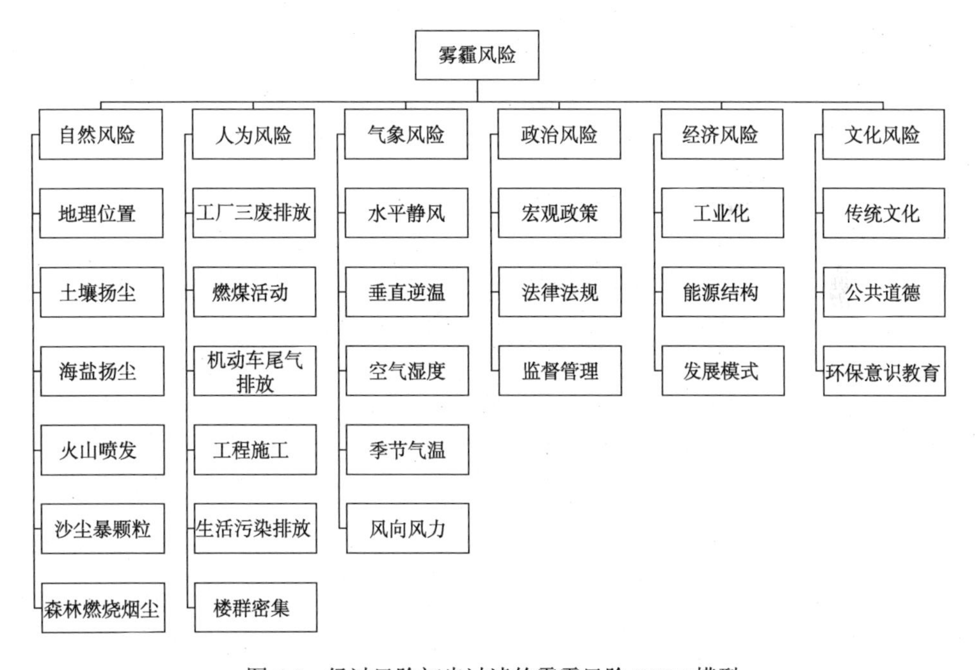

图 6.5　经过风险初步过滤的雾霾风险 HHM 模型

6.3.2　双重标准过滤与评级

为了进一步减少雾霾风险情景的数量，需要对风险情景进行进一步过滤。通过对美国国防部军事标准的风险矩阵进行改编，风险情景发生的可能性及其产生的后果被合并为一个联合概念，称为“严重性”，并构建雾霾风险严重性矩阵。首先，把雾霾风险来源的发生概率分成 5 个分散的范围，即“不可能”“很少”“偶尔”“可能”“经常”；相对应的将雾霾风险后果也分成 5 个范围，可以把“任务”理解为“雾霾”这一顶级事件，该矩阵的每个单元就可以用来表示雾霾风险因素严重性的不同级别。例如，“丧失生命/财产(灾难性事件)”表示该风险源是极高风险，对雾霾天气的产生有巨大的影响力；“任务失败”则表示该风险源是高风险，也是关键的风险因素。矩阵里的每一个风险情景都表示一类故障，并且都是发生可能性与后果的结合。因此，在这个矩阵中，存在着低发生可能性与高风险后果的故障情况；相反，也可能存在高发生可能性与低风险后果的情况。根据风险决策者对风险因素的分析，要把得到严重性等级为中或低风险的风险情景过滤掉。为了说明问题，我们以一级雾霾风险因素为过滤对象，构造出雾霾风险定性的严重性等级矩阵(表 6.6)。

表 6.6　雾霾风险严重性等级矩阵

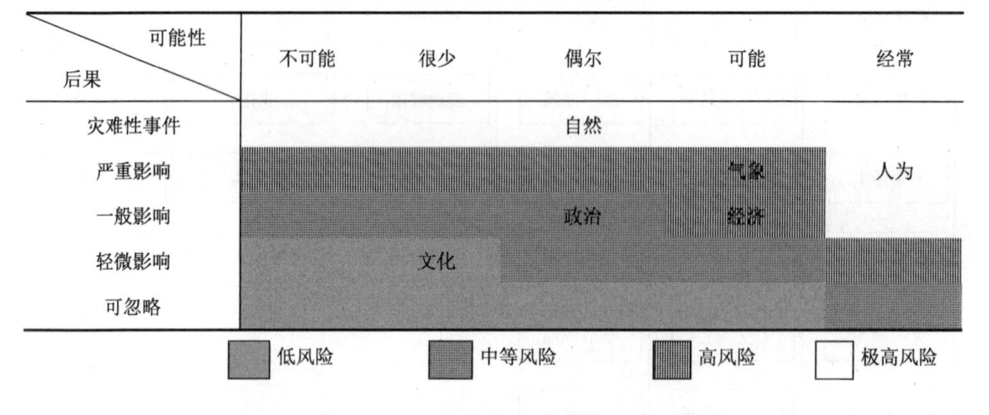

根据后果性和可能性对剩余的 6 个雾霾风险情景进行分析，得到雾霾风险严重性等级矩阵。在这个阶段中，如果某一个风险情景的评级是中等风险或者是低风险，则要把该风险情景过滤掉。基于决策者偏好，达到中等风险评价的经济因素、政治因素和文化因素被移除。剩下 3 个风险情景是：自然风险，人为风险和气象风险。

6.3.3　雾霾风险的多重标准评估

通过 RFRM 阶段三的分析，极高风险和高风险都需要得到重点关注的，因此，需要对自然风险、人为风险和气象风险进一步评估。针对风险情景击溃系统的防御能力 11 项标准，把这 3 类风险按照高、中、低 3 个等级进行风险评估，然后对这个分级的综合结果进行分析，以此来判断各风险因素的影响。对雾霾风险情景中的高风险和极高风险进行评分(表 6.7)。

表 6.7　用标准等级对雾霾的主风险因素进行评分

标准	自然风险	气象风险	人为风险
不可察觉性	低	低	高
不可控性	高	高	高
多种故障方式	高	中	中
不可逆性	高	高	中
影响持续时间	高	中	中
连锁影响	高	中	中
运作环境	低	低	中
损耗	低	低	低
软硬件/人/组织	低	低	中
复杂性/紧急性行为	高	高	中
设计不成熟度	低	低	中

根据评分可以得出，雾霾风险是自然风险、气象风险和人为风险共同作用所导致的，但是自然风险和气象风险具有一定客观性，不以人的意志为转移，具有高度不可控性和不可逆性，由此会造成严重影响。因此，我们应该着重关注人为风险对雾霾的影响。

6.3.4　雾霾风险定量化评级

通过对雾霾风险过滤的定性分析，初步得出雾霾风险的主要来源。接下来采用贝叶斯原理，对雾霾风险进行定量化评级，进一步确定雾霾主要风险来源。以自然风险为例，说明雾霾风险情景严重性等级确定的过程。我们把自然风险表示为事件 A(不发生为 $\overline{A}$)，则 $P(A)$ 表示其发生的概率，事件 E 表示风险决策者根据收集到的信息认为自然风险(事件 A)不会发生。

根据贝叶斯原理

$$
\begin{aligned}
P(A \mid E) &= P(A)P(E \mid A) / (E) \\
P(E) &= P(E \mid A)P(A) + P(E \mid \overline{A})P(\overline{A})
\end{aligned} \tag{6.4}
$$

在发现能够导致雾霾风险发生之前，根据对自然风险事件 A 的了解有

$$
P(A) = P(\overline{A}) = 0.5 \tag{6.5}
$$

我们发现事件 E 的概率非常小，也就是说，对于导致雾霾天气发生而没有作准备的概率很小，我们表示为：$P(E \mid A)$=0.05。出于对已知风险情况的把握，如果雾霾天气不发生，则对导致雾霾天气的相关事件不准备的概率是 $P(E|\overline{A})$=0.99。

$$
\begin{aligned}
P(E) &= P(E \mid A)P(A) + P(E \mid \overline{A})P(\overline{A}) = 0.52 \\
P(A \mid E) &= P(A)P(E \mid A) / P(E) = 0.05
\end{aligned} \tag{6.6}
$$

因此，自然风险发生的概率为 0.05，损失巨大，是极高风险。同理，我们可以得出其他风险情景的严重性程度(表 6.8)。

表 6.8　雾霾风险定量的严重性等级矩阵

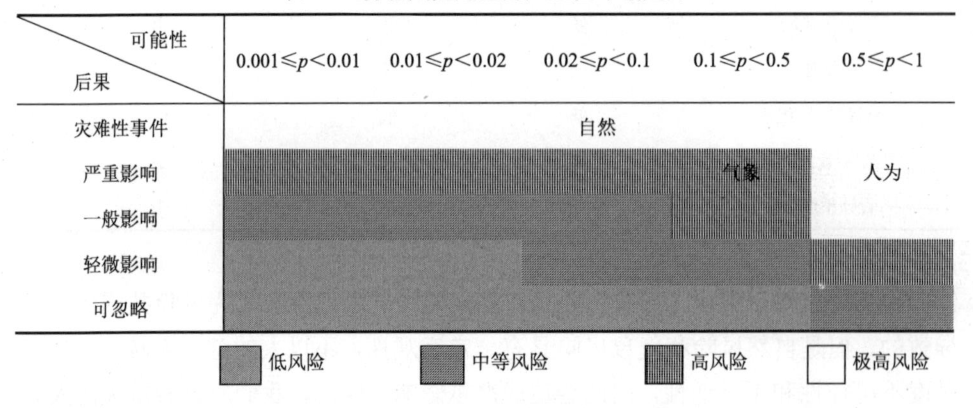

通过对雾霾风险因素的定量化评级，可以得出人为风险发生的可能性最大，后果是严重影响，是极高风险。自然风险发生的概率相对较低，造成的后果是灾难性的，是极高风险。气象风险也会造成严重的影响，是高风险。这三种风险是在雾霾治理中需要重点关注的对象。

6.4　基于故障树的雾霾风险评价

6.4.1　雾霾风险故障树的构造

根据雾霾风险来源的研究分析，首先确定“雾霾风险”为故障树的顶事件，

并确立导致雾霾风险的气象风险、自然风险和人为风险这 3 个直接原因作为故障树的中间事件，基于这 3 个直接原因作为故障树的次顶事件，再以 17 个因素作为故障树的底事件，建立雾霾风险故障树模型(图 6.6)。

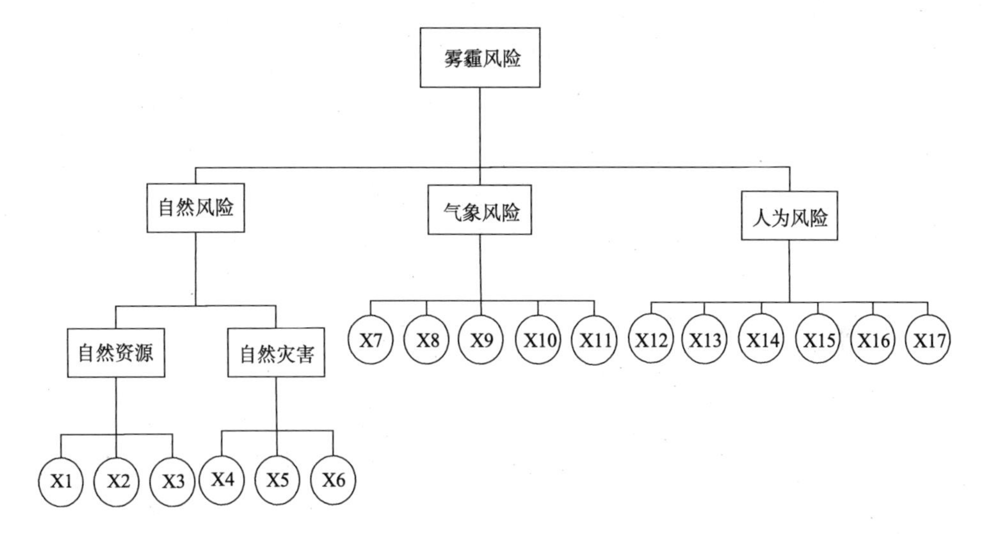

图 6.6　雾霾风险故障树模型

各底事件的含义如表 6.9 所示。

表 6.9　底事件含义

序号	事件	序号	事件
X1	地理位置	X10	水平静风
X2	土壤扬尘	X11	垂直逆温
X3	海盐扬尘	X12	工厂三废排放
X4	火山喷发	X13	燃煤等能源活动
X5	森林燃烧烟尘	X14	机动车尾气排放
X6	沙尘暴颗粒物	X15	生活污染排放
X7	季节气温	X16	工程施工
X8	空气湿度	X17	楼群密集
X9	风向风力		

6.4.2 最小割集分析

首先我们界定割集的定义：在一个故障树模型中，如果某几个底事件同时发生会导致顶事件发生，我们把这些底事件集合就称为割集。通过对雾霾风险故障树进行最小割集的定性分析，就可以发现导致雾霾天气发生的所有可能性故障模式。运用布尔代数算法，求解雾霾风险故障树的最小割集，则该雾霾风险故障树的最小割集有 12 个。

X1X2X3X7X8X9X10X11X12，X1X2X3X7X8X9X10X11X13，
X1X2X3X7X8X9X10X11X14，X1X2X3X7X8X9X10X11X15，
X1X2X3X7X8X9X10X11X16，X1X2X3X7X8X9X10X11X17，
X4X5X6X7X8X9X10X11X12，X4X5X6X7X8X9X10X11X13，
X4X5X6X7X8X9X10X11X14，X4X5X6X7X8X9X10X11X15，
X4X5X6X7X8X9X10X11X16，X4X5X6X7X8X9X10X11X17。

也就是说，只有当上面 12 个割集内的底事件同时发生时，才能够引发雾霾天气。通过分析雾霾风险故障树的最小割集可知，人为原因是导致城市出现雾霾的主要因素，其次是气象原因。因此，为了防止雾霾风险事件频发且日趋严重，我们应该格外重视人为因素导致的污染基本事件，制定相关防控措施。

6.4.3 雾霾风险量化分析

通过建立故障树对基本事件分析，已经明确城市雾霾产生的实际原因，故障树的定量分析是指基本事件割集经过量化分析，以确定其权重和顶事件发生概率，得到城市雾霾治理的不足之处。基本事件权重是其对导致顶事件发生的作用能力，一般由其自身概率和故障树结构来确定数量值。目前，对雾霾成因因子的数理统计还不完善，因此，根据所构建的故障树进行模糊综合评判，并根据专家咨询和文献分析，确定各基本事件的权重。计算由顶事件展开，按照故障树结构图依次向下延伸，直至所有基本事件权重计算结束。

$$P(e_i)=\begin{cases}1\\P(e_j)\\P(e_j)/t\end{cases} \tag{6.7}$$

其中，$P(e_i)$为事件的权重，事件 e_i 表示事件 e_j 的下级事件，t 为事件 e_i 的直接子事件数量(表 6.10)。

表 6.10　风险因素权重表

事件	权重	事件	权重
地理位置	0.25	水平静风	0.5
土壤扬尘	0.25	垂直逆温	0.5
海盐扬尘	0.2	工厂三废排放	0.8
火山喷发	0.05	燃煤等能源活动	0.75
森林燃烧烟尘	0.25	机动车尾气排放	0.7
沙尘暴颗粒物	0.15	生活污染排放	0.6
季节气温	0.25	工程施工	0.5
空气湿度	0.25	楼群密集	0.4
风向风力	0.225		

对于一个给定的故障树模型，如果已知系统基本故障事件的发生的概率，就可以采用容斥原理中对事件和与事件积的概率计算公式，定量地评估故障树顶事件发生的概率。根据上面雾霾风险故障树 17 个底事件的权重，可以通过布尔代数运算法则，展开对顶事件概率求解。

(1) 当有 n 个独立事件，积的概率

$$q(\mathrm{X}1 \cap \mathrm{X}2 \cap \cdots \cap \mathrm{X}n) = q1q2\cdots qn = \prod_{i=1}^{n} qi \tag{6.8}$$

和的概率

$$q(\mathrm{X}1 \cup \mathrm{X}2 \cup \cdots \cup \mathrm{X}n) = 1-(1-q1)(1-q2)\cdots(1-qn) = 1-\prod_{i=1}^{n}(1-qi) \tag{6.9}$$

(2) 当有 n 个相斥事件，积的概率

$$q(\mathrm{X}1 \cap \mathrm{X}2 \cap \cdots \cap \mathrm{X}n) = 0 \tag{6.10}$$

和的概率

$$q_1(\mathrm{X}1 \cup \mathrm{X}2 \cup \cdots \cup \mathrm{X}n) = q1+q2+\cdots+qn = \sum_{i=1}^{n} qi \tag{6.11}$$

(3) 当有 n 个相容事件，积的概率

$$q(\mathrm{X}1 \cap \mathrm{X}2 \cap \cdots \cap \mathrm{X}n) = q(\mathrm{X}1)q(\mathrm{X}2/\mathrm{X}1)q(\mathrm{X}3/\mathrm{X}1\mathrm{X}2) = q[\mathrm{X}n/\mathrm{X}1\mathrm{X}2\cdots \mathrm{X}(n-1)] \tag{6.12}$$

和的概率

$$q(X1 \cup X2 \cup \cdots \cup Xn) = \sum_{i=1}^{n} (-1)i - 1 \sum_{1<j1<\cdots<ji<n} q(Xj1Xj2 \cdots Xjn) \tag{6.13}$$

运用以上公式，根据建立的城市雾霾风险故障树和基本事件权重可以计算顶事件概率 T

$$\begin{aligned} T &= [(X1 \cup X2 \cup X3) \cup (X4 \cup X5 \cup X6)] \cap (X7 \cap X8 \cap X9 \cap X10 \cap X11) \\ &\cap (X12 \cup X13 \cup X14 \cup X15 \cup X16 \cup X17) \\ &= 0.289 \end{aligned}$$

下面以南京市为例，对其雾霾风险进行评估。

(1)确定故障树模型综合评价集合 $\boldsymbol{A}$，子集就可以表示为 $\boldsymbol{A} = \{\boldsymbol{A}1, \boldsymbol{A}2, \boldsymbol{A}3\}$ = {自然风险，气象风险，人为风险}；各子因素集合可表示为 $\boldsymbol{A}1$ = {X1，X2，X3，X4，X5，X6} ={地理位置，土壤扬尘，海盐扬尘，火山喷发，森林燃烧，沙尘暴}；$\boldsymbol{A}2$ = {X7，X8，X9，X10，X11} = {季节气温，空气湿度，风向风力，水平静风，垂直逆温}；$\boldsymbol{A}3$={X12，X13，X14，X15，X16，X17} ={工厂三废排放，燃煤活动，机动车尾气排放，工程施工，生活污染排放，楼群密集}；

(2)在模糊故障树中，通过专家评判法对城市雾霾 3 方面原因进行权重分配：$\boldsymbol{B}$ =(b1，b2，b3)=(0.4，0.1，0.5)；

(3)求出基于各子因素集合的综合因素评价矩阵 $\boldsymbol{Q}$，结合南京市环保局提供的 $PM_{2.5}$ 数据，运用布尔代数计算出平均空气污染指数，评估南京市的空气质量情况。

$$\boldsymbol{Q} = \boldsymbol{B} \times \begin{pmatrix} \boldsymbol{A}1 \\ \boldsymbol{A}2 \\ \boldsymbol{A}3 \end{pmatrix} = (0.4, 0.1, 0.5) \times \begin{pmatrix} 0.25 & 0.25 & 0.2 & 0.15 & 0.1 & 0.5 \\ 0.25 & 0.25 & 0.225 & 0.5 & 0.5 & 0 \\ 0.8 & 0.5 & 0.75 & 0.7 & 0.6 & 0.4 \end{pmatrix}$$
$$= (0.525, 0.375, 0.4775, 0.46, 0.39, 0.4)$$

以综合因素评价矩阵作为参考系数，引入南京市空气质量监测站点 2015 年 7~12 月的平均 $PM_{2.5}$ 数据，计算求得全年平均污染指数，通过参照空气质量指数标准，评测南京市空气质量实际情况和风险隐患(表 6.11)。

表 6.11　南京市 2015 年 7~12 月平均 $PM_{2.5}$ 数据

日期	7 月	8 月	9 月	10 月	11 月	12 月
$PM_{2.5}$	44.2	47.5	48.2	63.4	96.7	168.5

则南京市 2015 年 7~12 月平均污染指数

$$
\begin{aligned}
F &= Q \times u = 0.525 \times 44.2 + 0.375 \times 47.5 + 0.4775 \times 48.2 \\
&\quad + 0.46 \times 63.4 + 0.39 \times 96.7 + 0.4 \times 168.5 \\
&= 198.31
\end{aligned}
$$

空气污染指数(AQI)可以划分为 6 个等级，AQI 越大，空气质量级别就越高，同时也表示空气污染越严重，对人体健康的危害也就越大(表 6.12)。

表 6.12　空气质量指数标准

AQI 指数	0~50	51~100	10~150	151~200	201~300	≥300
AQI 级别	一级 (优)	二级 (良)	三级 (轻度污染)	四级 (中度污染)	五级 (重度污染)	六级 (严重污染)

查表可知，南京市在 2015 年下半年空气质量指数为四级，空气质量属于中度污染的状况。因此，需要积极采取相应治理措施，进一步改善城市空气质量。

6.5　雾霾风险防控对策

雾霾风险是由气象风险、自然风险和人为风险共同作用导致的，其诱因与人类社会活动密切相关，特别是工业污染排放、燃煤等能源活动和机动车尾气排放所占影响权重较为显著，是城市雾霾产生的重要原因。由于气象条件具有一定的客观性，非人的意志可以改变，因此，在雾霾天气愈演愈烈的今天，我们尤其应该重视人类活动所造成的恶劣影响。在治理雾霾的时候，应该着重从人为因素等方面下手，严格控制好污染源，推动人与自然的和谐发展。

6.5.1　Bow-tie 方法简介

Bow-tie 分析法是一种风险分析和管理的方法，它能够使我们非常全面系统地识别风险事件发生的起因和后果，并且可以帮助人们在事故发生前后建立有效的措施来预防及控制风险的发生。在 Bow-tie 图中，要分析的风险故障位于图形的中心，将其作为顶级事件。图的左侧是导致风险故障发生的诱因，并且在每个因素后面标注预防风险发生所采取的预防措施。风险故障所引起的后果被放在图的右侧，相应地，也需要标出风险发生后尽可能降低风险损失所能够采取的控制对策。因此，Bow-tie 分析法的基本图形犹如一个蝴蝶结。

6.5.2 雾霾风险 Bow-tie 图

基于上述分析结果，雾霾风险因素来源复杂，后果比较严重，我们可以从系统角度出发，构建 Bow-tie 图对雾霾风险进行预防和控制，以期降低雾霾风险的不利影响(图 6.7)。

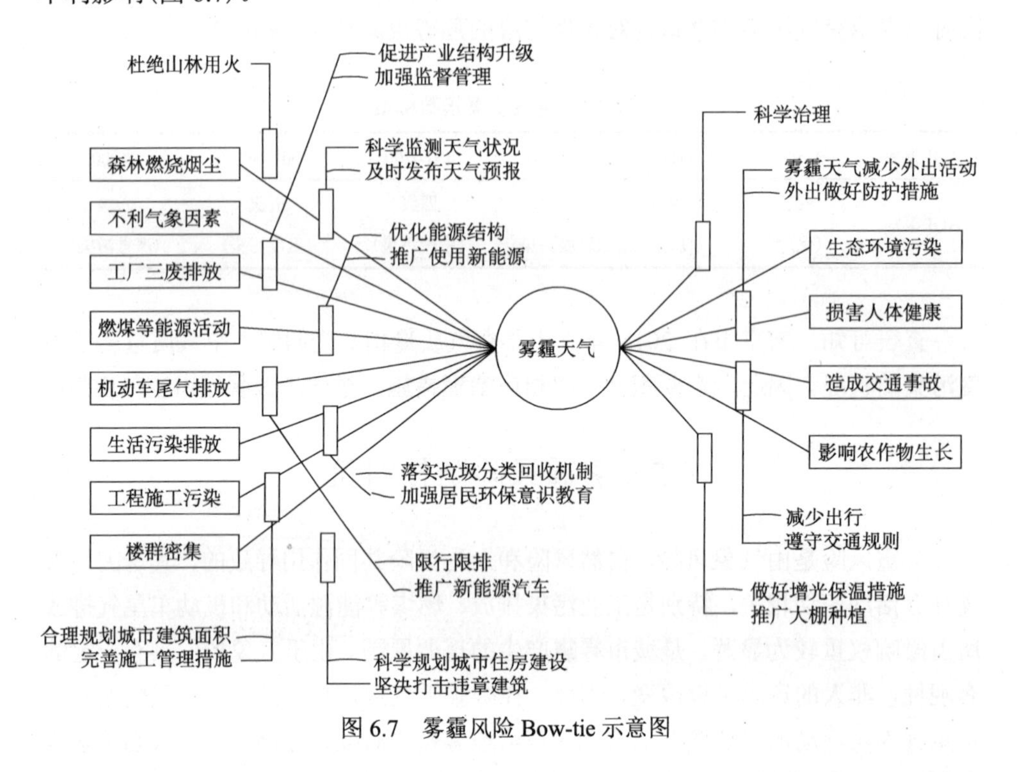

图 6.7 雾霾风险 Bow-tie 示意图

我们以雾霾天气作为 Bow-tie 图的顶级事件，在图的左侧给出了造成雾霾天气这一顶事件的影响因素，并提出了相应的预防措施。图的右侧分析了雾霾天气造成的不同潜在后果，同时也针对各种后果提出了不同的控制性措施，以减少雾霾天气的不利影响。

6.5.3 预防和控制措施

通过上述分析，可从以下几个方面来防控雾霾风险。

(1) 严格控制污染源。进一步优化我国产业布局及能源结构。工业污染排放和燃煤等能源活动是空气污染的根源，所以要严格控制重污染行业的产能，积极推进产业结构调整升级，促进企业节能减排，并对重污染行业加强行政监督管理措施；削减煤炭在能源结构中的比重，大力推广天然气等新能源。严格控制机动车数量，实行限行限排政策，大力发展绿色交通，鼓励绿色出行，积极推广电动公交车和出租车，大力发展电能、太阳能等新能源汽车；同时，需对城区建筑施工工地加强监督管理，减少粉尘污染。

(2) 完善相关法律法规。要把雾霾的治理上升到国家意志层面上来，表现出对雾霾治理的决心。加强和完善雾霾防治工作的立法、执法是治理雾霾问题的关键。继续完善《大气污染防治法》，重点细化法规，加强执法和监督。设立举报平台，通过民间组织和公众力量监督环境执法行为。

(3) 增强公民环保意识。要把生态文明建设的理念贯彻到人们的日常生活中，引导群众树立环保的意识，并倡导绿色文明的生活方式，发挥广大人民在生态文明建设中的强大力量。

6.6　本 章 小 结

从雾霾风险分析与评价出发，分析了造成我国雾霾天气的风险因素，构建了基于等级全息建模的雾霾风险因素模型，并通过构建雾霾风险故障树对雾霾风险进行定性与定量的分析，对雾霾风险因素进行评价，探讨造成雾霾天气的主要影响因素，为我国雾霾治理提供一些思路。

(1) 雾霾风险来源的不确定性决定了雾霾风险系统的复杂性，一般的风险识别方法很难全面系统地对众多雾霾风险源进行识别。在分析了雾霾风险特征的基础上，探索式地将等级全息建模的方法应用到雾霾风险分析研究中。

(2) 基于等级全息建模(HHM)和风险过滤、评级与管理方法(RFRM)对雾霾风险进行识别和过滤。雾霾的风险来源比较复杂，根据等级全息建模的基本原理，建立了自然风险、人为风险、气象风险、政治风险、经济风险、文化风险、技术风险 7 个主要风险因素，以及细分的 31 个可能的风险因素，从而构成 HHM 模型。同时，从不同的角度出发，风险情景存在着交叉重叠的特点，所以采用 RFRM 方法，在雾霾风险 HHM 模型的基础上对雾霾风险进行了过滤，得出雾霾风险需要重点关注的风险情景是自然因素、人为因素和气象因素。

(3) 建立了基于故障树的雾霾风险评价模型。雾霾成因复杂，风险来源广泛，在对雾霾风险识别与过滤研究的基础上，建立了以雾霾风险为顶事件，自然、人为和气象三大因素为次顶事件以及细分的 17 个因素为底事件的雾霾风险评价故障树模型。针对分析结果，结合 Bow-tie 模型提出了雾霾风险的预防和控制措施。

第 7 章 雾霾跨域治理的融合共识

在雾霾跨域治理的决策过程中，有众多的利益相关者，比如政府、企业、公众、环保组织等，各方有不同诉求。如果多方意见不一致，则会造成决策效率的降低，以至于雾霾问题无法得到有效的解决。所以，为了使决策效率提高，减少雾霾污染带来的危害，区域间雾霾治理需要多个利益参与方取得共识，达成共识收敛，这样才能保证治理过程中目标一致，所有利益参与方明确各自责任，有效合作，充分发挥各个主体的优势。本章从系统的角度，介绍融合共识的雾霾跨域治理理论，讨论如何达成融合共识，并针对利益相关者意见收敛问题，建立共识度模型，通过算例以及分析，具体研究融合共识收敛的路径。

7.1 融合共识的相关理论

7.1.1 综合集成研讨厅

面对复杂系统的研究，处理某些复杂系统问题时单靠数据、模型等是不够的，钱学森提出了综合集成研讨厅，将专家和决策者的意见综合收纳。综合集成研讨厅是针对复杂系统的决策平台，并从整体上考虑如何解决问题。

综合集成研讨厅的结构包括专家群组、计算机硬件和互联网系统。其中，计算机是硬件设施，互联网是专家与专家之间信息互通、意见交流的平台。综合集成研讨厅便是由这三个主要部分组成，通过个体与个体之间的交互，并在交流之中涌现出群体智慧的平台。由于在这个过程中需要发挥人的智能和海量网络资源的优势，所以更加能够表现出群体共识的意向。

在这个体系中主要包含了科学理论、专业判断和经验常识，总结并提出相应的判断或假设，即为经验性假设。这些假设难以用科学理论来证明，需凭借各种计算机工具、具备大量参数的模型、详细而确切的统计数据，并基于经验和对系统的理解进行真实性检验。这个体系是集感性、理性、经验、定性、定量于一体的，通过人机结合的实现，反复对比逐次逼近，最后形成结论。人机结合的实质便是将决策相关的专家体系、统计数据以及信息资源的相互有机结合，组成一个高度智能化的、适用性强度极高的人机交互系统。这个系统将各种信息资源、决策资源、共识资源综合集成，实现了从感性上升到理性，从定性到定量的飞跃。

7.1.2　物理-事理-人理系统方法论

物理-事理-人理系统方法论(Wuli-Shili-Renli System Approach，WSR)起源于东方，在国内外已经得到一定的公认。WSR 系统方法论是由顾基发教授与朱志昌教授共同提出的(顾基发，2007；2011)。

在 WSR 系统方法论中，“物理”指的是物质运动的原理，通常通过自然科学来回答；“事理”指做事的道理，主要解决如何去安排所有的设备、材料、人员的问题，事理主要运用运筹学与管理科学方面来处理复杂系统方面的问题；“人理”指为人处世之哲理，也有说是办事与做人的道理，主要利用人文社会科学的知识去处理问题。实际在问题处理方面，“物理”与“事理”都离不开“人理”，可以说基本上是以“人理”为核心的。所以判断事物是否得当，也应该以人为主体，以“人理”为核心。系统实践活动是一个动态的统一的物质世界、系统组织和人。我们应该实践涵盖三个方面及它们之间的关系，即“物理”、“事物”和“人理”，获得令人满意的和全面的对象和场景。“懂物理、明事理、通人理”就是 WSR 系统方法论的实践准则(表 7.1)。

表 7.1　物理-事理-人理主要内容

	物理	事理	人理
对象与内容	客观物质世界法则、规则	系统与组织管理知识	处世哲学
焦点	功能分析	逻辑分析	人文分析
原则	追求真理	追求效率	追求成效
所需知识	自然科学	系统科学	科学心理学

7.1.3　群体决策理论

集团决策是充分发挥集体的智慧，由多人参与决策分析和整体决策的决策过程。参与决策的人被称为决策组。在大多数组织中，许多决策是一个专家组以小组或者是团队的形式，以集体的名义对一个可能产生的问题做预先的计划或者是安排。参与决策的成员往往有别于个人决策，需要参与团队协作、知识共享等步骤，来提出一些具有创新性和可行性的方案，并受到集体的普遍认同。

群体成员之间的相互作用将会产生群体决策，在决策的过程中，每个人的选择可能会有所不同，甚至相反，有时往往是密切相关的个人或团体的利益，所以小组的选择受群体成员行为的影响。所以，人们设计出若干科学的群体决策方法，比如头脑风暴法，可以有效地消除情绪紧张等负面情绪。与此同时，群体决策小组的成员构成也是对决策过程起着或大或小的作用，成员的知识构成、人员构成、层次规格都可能对集体起着消极或是积极的作用。此外，团队的凝聚力、计划的规范性、时间的紧迫性等都会影响决策的质量。所以，要想使群体决策的效率提高，需要将多方面的考量纳入计划其中。

群体决策和个人决策各有优劣(表 7.2)。

表 7.2　群体决策与个人决策优劣比较

方式	个人决策	群体决策
速度	快	慢
准确性	较差	较好
创造性	较高，适用于工作不明确，要创新的工作	较低，适用于工作过程相对明确，按部就班的工作模式
风险性	视个人气质、经历而定	由集体的纪律、性格而定(与领袖相关)
优缺点	执行快，但是抗外部风险能力小	避免错误发生，执行需要时间

7.1.4　基于综合集成法与 WSR 方法论的融合共识

鉴于雾霾治理中决策系统将会有多种利益相关方参与，所以需构建一个平台，促使多方能够在一个信息交流无障碍、人机互动数据共享的环境下进行合作研讨。于是，综合集成研讨厅便提供了这样一个框架，能够将科学理论、经验知识和专家判断相结合，参与者能够随时随地地分享和交流信息，同时也具备评估备选方案的情报，这便是实现融合共识收敛的主要框架结构。

如果说综合集成法构成了融合共识系统的框架，那么 WSR 系统方法论便是系统的灵魂，其定义了合作研讨的基本原则，即多方即使保持着不同的观点，也要“懂物理、明事理、通人理”，这有 3 个方面的好处：①填补了综合集成研讨厅在实践准则方面的不足，促使合作研讨能够进行下去；②规范了秩序，规定了主题，追求效率，追求真理，不盲从；③科学的方法论能够指导出优秀的成果。

在雾霾治理的融合共识过程当中，专家组通过对方案的讨论，形成了对新方案的集合。专家通过向共识系统输入自己的偏好以及意见等，系统自动推算出专家对于方案通过的共识度。当共识度超过一定阈值时便会认为达成共识，进入最终方案选择阶段；否则，方案将会退回研讨厅进入下一轮的融合共识过程。在这个过程中，整个决策依旧是在综合集成研讨厅的体系下完成的，但要注意的是，计算机并没有完全代替主持人或协调人的工作，专家的分歧来源于阶层的不同，其决策来自于自身的价值观。可以说，没有思想上的方法论为指导，空有合理的框架和体系很难单独支撑起这一庞大复杂的系统。

在融合共识的过程中，主要发挥的依旧是人的主观能动性。在雾霾治理中，主体是参与讨论的专家组，客体是不断变化的雾霾形势。在 WSR 系统方法论中把握主体与客体在相互作用，通过反馈和调节，以一定实践手段按着人预想的方法进行，这个实际上就是科学的马克思主义哲学在指导实践，符合事理；人机结合过程重要的一环便是人可以实时获取第一手实地资料，并把决策信息输入决策系统，由系统根据科学的模型来判断决策是否可取，符合物理；专家组在讨论的过程中常常用到的利益趋向、情感趋向等，以及专家自身的习惯、知识结构、关系都对推进决策进程有着影响。这 3 个方面都分别对应综合集成研讨厅的 3 个主要组成结构，每方面的改进或是补充都对整体有着巨大的提升作用。所以综合看来，综合集成研讨厅与 WSR 系统方法论相辅相成，相互促进。

综合集成研讨厅、WSR 系统方法论以及群体决策理论三者相辅相成，又共同补充了融合共识(图 7.1)。

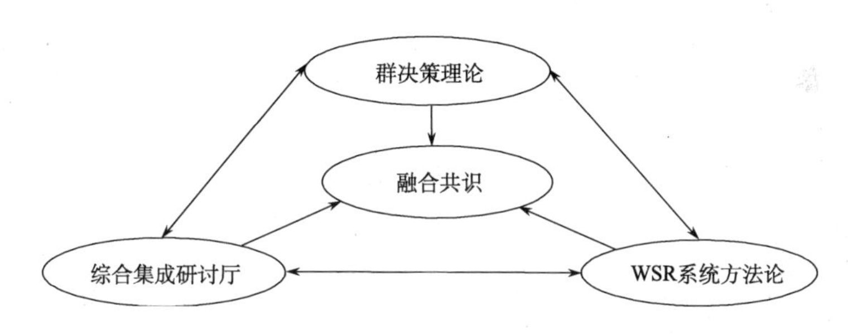

图 7.1　融合共识理论体系

7.2　雾霾跨域治理的融合共识路径

7.2.1　雾霾跨域治理利益相关者分析

1. 政府：雾霾治理的组织者与向导

包括雾霾治理在内的自然环境属于公共物品，所以首先，环境治理是政府部门的重要职责。雾霾灾害是区域性的公共问题，其表现为扩散性、跨区域性、流动性。雾霾污染每次必定发生在较大范围的区域内，尤其污染特别严重甚至威胁社会治安时，跨区域的公共问题应急处理就显得异常明显，这时候政府的作用就显得异常重要。雾霾已经不是单纯的自然现象，而是人类社会经济行为的影响下产生的负面衍生物。政府作为一片区域内的主要管理者首先承担着区域雾霾治理的角色，但在经济发展高度一体化的今天，某个地方政府所面对的不仅仅是单一、简单和稳定社会问题，而是多样化、复杂、富有变化性的社会问题，加上雾霾本身的跨区域性，单一区域的政府治理雾霾的效果不显著，没有哪里可以在雾霾笼罩的区域里独善其身。所以，各级政府间的合作、区域间的联动是政府层面解决雾霾问题的必经之路。

当雾霾灾害极其严重时，尤其当单个政府面临解决不了的社会问题，政府与政府间的合作便是解决这一问题的良好桥梁。政府间的合作将会获得诸多好处，比如相互学习与协作，可以形成良好的互相学习与信息共享的机制，甚至是形成社会资本，降低交易费用，这对促进双方经济交流、信息共享、形成双赢的局面都有积极的影响；区域间的联动会聚集比单一区域更多的人力、财力、技术以及治理经验，正所谓集中力量办大事，在治理污染时也会更加事半功倍。

2. 企业：应承担社会责任的重要利益方

雾霾治理过程中，另一个重要的利益相关者便是企业。雾霾问题归根到底，是政府在监管不利的情况下，企业进行的经济活动对环境造成的重大负面影响所导致。所以雾霾治理归根到底要落实到其始作俑者。当今社会，钢铁行业、煤电行业等重工业企业是当今社会经济快速发展的经济基础。这些企业一边创造着巨大的经济利润，一边又在缺乏监管的情况下排放出大量有毒的化工废弃，严重污染当地空气，是导致雾霾灾害产生的最主要原因。

企业在创造着利润的同时，也相应承担着社会责任。企业层次是处理雾霾问题的重要一环，也是必须慎重考虑利益方。也不能因为可能造成重大污染就随意强制关闭大型企业，因为当今社会是竞争性的社会，区域间存在着激烈的竞争，随意关闭当地重污染企业必然是拆东墙补西墙，必然带来一系列社会问题。许多企业仍然停留在追求利润最大化的传统做法，忽视相关利益最大化。所以，必须在尊重企业利益的基础上，对违规企业进行查处与整改，而企业层次的区域间联动也能取得良好效果，制定跨区域统一排放标准与企业规范措施，可以有效缓解竞争压力，同时促进企业减排。未来市场企业必须要走绿色健康发展道路，不断满足人们对绿色、健康的需求，实现可持续发展，这样企业才能在激烈的市场角逐中长时间地立于不败之地。

3. 公众：推进治理的重要群体

公众在雾霾治理的决策系统中的地位也不容忽视。企业与公众同属于微观主体，既对雾霾的产生施加了或多或少的影响，同时也是雾霾灾害的受害者，所以，雾霾问题的解决需要公众参与，公众是重要的利益相关者。我国公众可以参与环境类的非政府组织代表不同的利益相关方发出呼吁，以对抗雾霾。

公众参与是指在法定权限内的有目标指向的社会集体行动的个人、组织或社会群体，彰显了公民参与国家政策的意愿。公众应该尽力参与到雾霾污染的治理中，应该成为雾霾治理的主力军。当前我国存在的问题是雾霾治理的过程中过于依赖政府的力量，以至于形成政府为主导的单一治理形式，这个显然是低效率的。许多西方国家至今为止拥有良好的环境离不开公众的协力合作。美国在 20 世纪 40 年代发生的光化学烟雾污染事件，其解决方式就是通过动员市场力量，引导社会投入资本，政府、企业和公众三者齐心协力，最终实现经济发展与环境友好的双向格局。公众参与治理可以通过表达名义诉求，使相关部门获得大量的信息，或者参与法律的制定过程，建言献策，提升治理工作的效率。

7.2.2　利益参与方面临的问题与策略分析

1. 利益参与方在融合共识方面面临的困境

(1) 如何解决平台建立之初遇到的人才不足的问题。综合研讨厅的建立是一项高技能的复杂工作，需要将雾霾治理、组织管理、平台搭建等进行整合、建模与融合，必须要拥有专业知识的科技人才和管理人才，以及相应的创新人才管理模式。

(2) 融合共识是否需要引入社会资金。雾霾治理虽然是一个社会问题，各利益参与方的职责便是通过合作研讨得出最满意方案，并将方案转化为实践。这一过程从建设平台到方案评价都需要大量资金。问题在于是否引进社会资金，会引发评价结果的不公平或者是否引入社会资金将限制融合共识模式的发展。在融合共识体系的建立过程中，需要考虑这个问题。

(3) 如何使各个利益参与方基于共同的目标与利益参与融合共识。一旦各利益参与方基于共同的目标与利益，相当于拥有相同出发点，这将会提高融合共识的效率。共同的目标与利益更是多方实现共赢的基础。所以为解决这一问题，需要合理的协调多方关系以及出色的共识提案。

2. 利益参与方在融合共识中的策略

(1) 依托科研单位或者第三方管理人才介入，提供有专门经验的高级人才，根据建设目标和标准，满足平台搭建的体系，进一步完善融合共识系统。另外，在平台搭建完成后，应该脱离与科研单位或是第三方平台构建人员的关系，营造公平合理的融合共识环境。可以使用项目的形式加快基础建设的进度。

(2) 构建公正信念，营造和谐风尚。雾霾治理的过程关系到生命、财产安全，决策过程不允许有任何瑕疵。光是依靠内部与外部监督体系是无法保证公正的，而不公正的情况一旦产生则会降低政府的信誉和决策的质量。所以从根本上需要培养决策人员的公正信念，再辅以完善的监督体系，才能够保证决策的质量。

(3) 协调多方参与，培养共识理念。由于利益参与方大多数来自于不同阶层，拥有完全一致的目标与利益是很难做到的，所以可行性较高的方案是由组织人员协调，科学计划具体决策流程，具体问题具体分析，细化方案结构，将方案缩小至各利益方的共同共识区间内。这样虽然会延长决策过程，但是方案决策速度提高也会间接加快共识效率提高。

7.2.3　雾霾跨域治理的综合集成研讨厅

如果考虑把整个雾霾治理的合作共识看作一个复杂系统，那么这个系统的三大部分(政府、企业与公众)会时常与外界产生信息交换，并且根据环境的变化与政策的调整，系统各个部分本身也会产生易变性的特征，所以要对复杂的系统求得其合作共识的路径，构建综合集成研讨厅是一个可行性非常高的方法。综合集成研讨厅拥有集成智慧、人机结合、团队协作等优势(图 7.2)。

综合集成研讨厅体系是一个由三大部分(专家群体、计算机和互联网系统)构成的，用来处理开放的巨大系统的方法论。在雾霾治理融合共识过程中，参与的主体为政府、企业和公众三方派出的研讨参与者，各自代表不同阶层，并进行如制定目标任务、达成共识等一系列任务，有着基本相同目标。专家组在进行决策的同时，计算机系统为其提供强大的运算能力和资料供给环境。其中包括决策支持系统用以快速决策，提高决策效率；人工智能处理系统与数据库、模型库联动，为决策筛选方案以及提供第一手资料。决策的过程、方案的提出与评价将全部展现到演示系统当中，使整个决策过程可视化。整个系统又由互联网通信系统支持，所有参与方都有享受信息共享、意见交流、团队协作的权利。

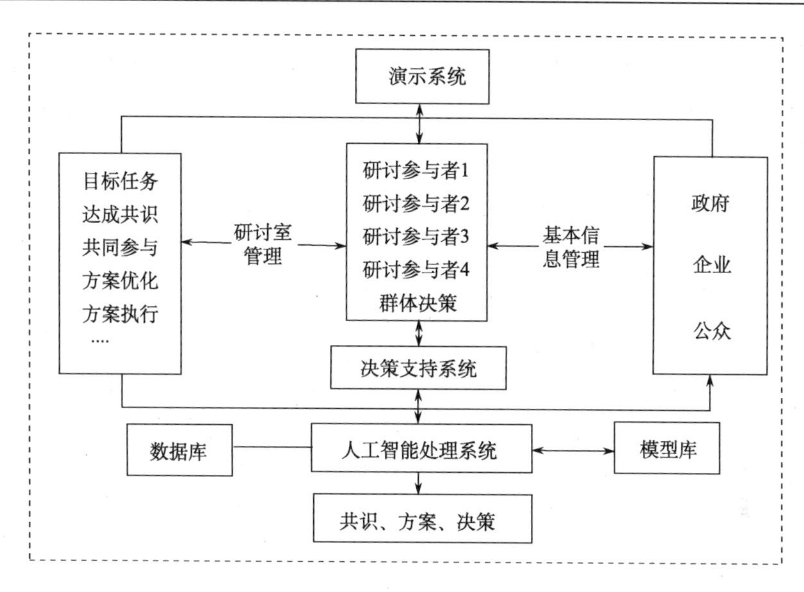

图 7.2　综合集成研讨厅主要构成

要在综合集成研讨厅中发挥群体智慧的作用，首先必须集合专家的智慧。我们邀请的人群应该是代表政府的发言人，企业管控排放方面的专家，民间环保组织的权威人士，以及相关方向有所建树的专家。研讨的过程需要借助互联网，所以集成讨论的时候可集中于某个地点，研讨厅可以建立在局域网上，所有人员站在自己立场上，对雾霾治理合作共识发表自己的看法。在研讨过程中可以通过多种方式就某一问题达成共识，比如透过主题，专家挖掘出主题某一方面问题，对感兴趣的部分加以剖析和见解，并从众多想法中选择较好的想法，这可能是对整个问题大有裨益的答案；专家之间通过高效率的互动，对一个问题综合出若干种看法后，通过反思思考，回想自己答案形成的过程，主动审视自己的思维，可以将显性知识转化为隐性知识，更加深入地了解问题。

现阶段综合集成研讨厅参与成员的构建必须符合 4 个要求：①要求成员专家组要对雾霾治理有成熟且独到的见解与认识，成员与成员之间可以存在共识，也可以存在分歧；②各个团队中的成员并不是完全固定的，而是可以根据需求和环境的变化产生变动；③团队中成员有层次差别，这个不局限于职位大小，还有承担责任大小、对问题的申诉权利等；④成员之间有相互交流意见、信息分享的愿望。某些区域较大，雾霾灾情严重，可以由多个研讨厅集成融合共识。

综合集成研讨厅的核心为“人机结合”，即使专家之间讨论出再多的方案，如果离开了实际的定量处理与现实结合的数据处理，其方案也是空洞并且缺乏说服性的。互联网技术可以帮助其实现感性与理性、定性与定量、形象思维与逻辑思维紧密结合，并且通过计算机快速而强大的运算能力，迅速对方案进行评价与筛选；通过建立分布式的研讨厅，更大范围上的讨论可以突破三方派出的专家，而让更多的群众参与进来，使决策更加民主化、科学化。

在构建综合集成研讨厅体系时，一方面使人在决策过程中尽可能想办法获取尽可能多的信息；另一方面，使人的信息处理与计算机信息处理之间搭建一条方便快捷的“桥梁”。当“人机结合”的体系成熟后，在以后的雾霾治理融合共识过程中不仅仅只邀请主要利益参与方的代表与专家们参与进来，数以百万计的网友均可以成为群体智慧涌现的渠道。这需要建立与需求相符合的信息系统与功能强大的计算机系统，对地区信息数据的广泛搜集并按时更新，以及网上共识信息的传达与采纳，使雾霾治理的结果可以集智慧之大成，并不断更新使系统在往后的处理中表现更加“聪明”。

在雾霾治理的决策过程中综合集成研讨厅将扮演决策系统的主体框架的作用。由于融合共识过程当中需要大量信息以及频繁意见交流，所以综合集成研讨厅作为一个交流的平台是相当重要的。雾霾治理中众多利益相关方都可以参与到这个平台中来，具有强大的实时性和适应性。综合集成研讨厅的存在解决了传统融合共识过程中混乱、思想封闭、信息不畅通的缺点，强大的互联网覆盖以及数据库实地资料的参考让融合共识不再是“纸上谈兵”，而使一切决策基于实际生活。雾霾治理过程中的综合集成研讨厅另一大特性便是，即使所有的利益相关者各自具有相当大的分歧度，也有一个公共的平台可以公平地互换意见，综合地掌握所有资料并且实时共享，每个备选方案的通过都需要每个参与方的支持，这将大大地提高决策实施过程中的支持率，提高治理效率。

7.2.4　雾霾跨域治理中的 WSR 系统方法论

如果说综合集成研讨厅为实现治理提供了合作的载体，那么物理-事理-人理(WSR 系统方法论)则为这一载体的实施提供了重要的实践方式。

将 WSR 系统方法论与综合集成研讨厅紧密结合，要遵守 4 项原则：①综合原则。参与的专家要听取各方意见，取百家之所长；②参与原则。要求全员参与，小组之间、小组与小组之间建立良好的沟通，这有助于相互理解双方的意图，提高效率；③可操作性。最后选定的方法一定是具有执行力的，所涉及的不仅仅是方案的内容，其目标、方法都必须是可行的，并且易于操作；④迭代原则。人们在认识问题的过程中是不断反复、交互，每一个过程都要遵守“懂物理、明事理、通人理”的原则。

在雾霾治理中，除了遵守最基本的法律外，利益是最重要的一环，即对应“人理”。每个阶层、每个组织都有自己的利益，毫无疑问，在不损失各方利益的前提下，实现治理才是最佳的方式。为了实现这一目的，首先要符合物理，即人改造自然的过程首先必须符合自然的规律，在这一条件下，逐步完成各方的事理。如政府的法律，企业的文化与规章制度，人的生活习惯等，在符合物理与事理的前提条件下，如何最大程度保障各方的利益甚至实现利益的增收便是这一方法的核心所在。在明确了目标以后，运用综合集成法，并利用计算机对方案进行筛选与评估。对于剩下的方案，从中根据用户的利益划分，进行相关修正后选择符合条件的最佳方案，最终实现方案构想。

综合集成研讨厅专注于解决在共同的利益与目标驱使下专家群体达成融合共识，在这一过程中，专家通过决策与提案的方式对方案进行逐步论证，最后达成共识度最高的最佳方案。在这一过程中，人机结合将是实现群体智慧涌现的重要手段，然而人们常常忽略人机结合这一重要问题。计算机并不能代替专家成员解决所有问题，也不能代替组织者和管理者安排好所有融合共识流程和制定原则及计划。在决策过程中，人的“性智”和“心智”与计算机强大的运算功能相结合才能完美地构成人机结合。专家的“心智”是计算机作为运算工具能否具备解决复杂问题的能力的关键所在(图 7.3)。

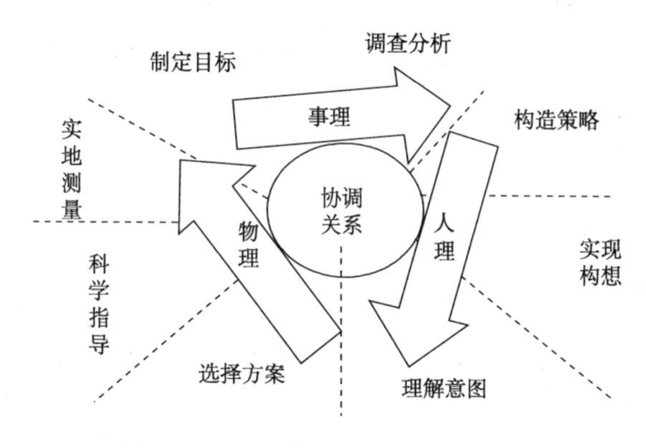

图 7.3　WSR 系统方法论的工作过程

WSR 系统方法论中，物、事、人三者是不可分割的，三者在雾霾治理的过程中联系在一起，不可分开。与之伴随的决策过程比如制定目标、实地调查、调查分析与专家体系的建设、专家群体的角色划分、专家组不良思维模式的产生都会对组织的交互形式、雾霾治理过程产生影响。物理、事理、人理的相互作用促使了综合集成研讨厅更好地运行。

7.2.5 雾霾跨域治理的融合共识流程

基于综合集成法和物理-事理-人理的系统方法论，提出一套适合我国使用的雾霾治理融合共识的合作方式，但除去内容外，还需要一套与之相匹配的合作流程，使方案更具备可行性。所以根据 WSR 方法论的迭代性原则以及本身系统的复杂性，提出一套多轮次迭代的群体决策法(图 7.4)。

1. 问题的形成与确定阶段

雾霾污染对我国部分地区造成了严重的负面影响，迄今为止，我国主要是以单一政府为主导的治理模式，该模式无法使雾霾治理过程中众多利益方参与进来。往往以单一政府处理企业和公众的问题，尤其在雾霾处理过程中，当雾霾影响较大，且牵扯到众多参与方的利益时，我国政府若采用强硬手段，一方面影响企业或是公众利益，有损政府形象；另一方面一味以牺牲经济利益换取环境质量，长远来看将对该地区的发展会产生负面影响。因此，要处理好众多利益方的关系和协作问题，在确认问题阶段主要的任务是确定共识主体，并进行相关信息的分享。研究发现，我国参与雾霾治理有三个主要利益相关方，分别是：政府、企业以及公众。三者分别派出各自的代表、发言人以及专家，将进行实际交互与信息交流。由上文可知，我们已经系统地分析了三者各自在这次雾霾处理中的地位和可能发挥的作用，通过对三者的分析我们可以更好地根据实际情况实现合作共识的收敛。

2. 方案形成与方案优化阶段

在对利益参与方进行系统的分析后，我们将邀请三方各自的代表、发言人以及专家们，组成综合集成研讨厅。通过各自提出方案以及信息的交流和分享，在专家会议上进行方案收集。其次，运用计算机技术，将方案与现实资源与实际情况进行初步考察，使问题进一步清晰，并排除不符合实际情况的方案，使解决方案进一步收敛，并确认下一步要考察的问题；通过对方案的进一步细化分析和考察其可行性后，将三方达成共识的解决方案初步进行实地考察，并根据实地考察的结果，再召集专家组，通过综合集成法对方案进行改进，诸如此类循环，最后得出最好的解决方案。

3. 实施和结果评估阶段

考虑到共识系统的复杂性以及现实的易变形，第 2 阶段虽然得到比较好的方案，但未通过长期实践的证明是无法具体考虑这个方案的，所以要对方案构建一个评估价值体系。在方案投入实践后：①这个体系的构建是由政府、企业以及公众共同参与的，也就是说评估价值体系代表了融合共识的意愿，价值评估仍对共识的收敛起到积极的推动作用；②对方案进行实时评估和考核，以及对方案实施过程出现的紧急情况做好应急处理。当方案偏离预期，政府将重新召集企业以及公众方面的专家，对方案进行调整或重新制订方案；③方案实施的全程受到三方的同时监督，三方有责任对其进行监管以及评估其运营，并上传至互联网进行信息共享。

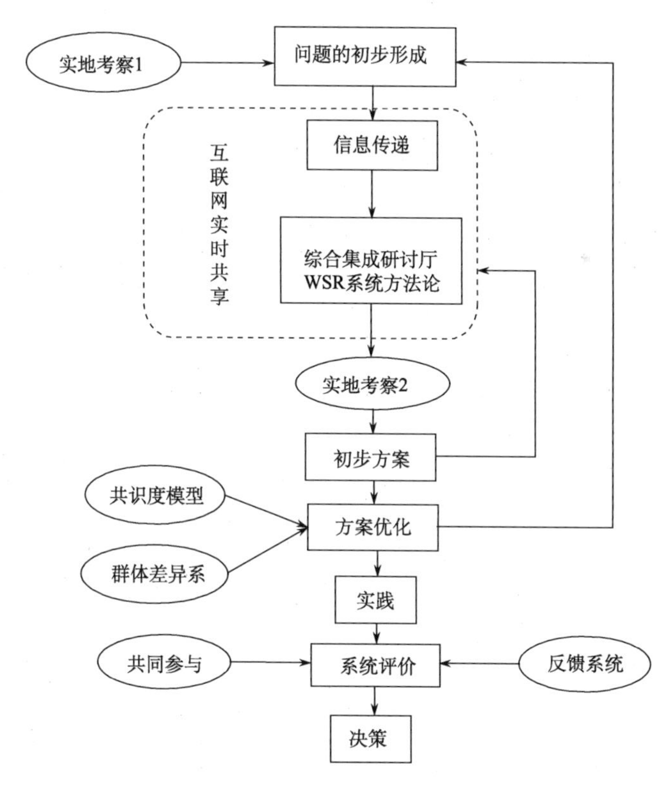

图 7.4　融合共识流程

7.3　雾霾治理融合共识收敛

一般认为，融合共识在达成之前通常要经历 2 个阶段：分别是达成共识过程和选择过程。达成共识过程是群体意志在决策时意见最终趋于收敛的过程，在商讨过程中，人们往往通过共识度的测度来评判集体对这一方案的认可程度。而选择过程则是在满足一致性的条件下，考察如何获取决策的最优方案的过程。为了实现较高的共识度，人们还要对其进行调解。调解有 2 个方面：①控制共识度与阈值的差值来处理群体决策系统；②当共识度小于阈值时，群体决策将进入下一轮的讨论，并根据决策者的分歧程度，对备选方案进行讨论。当得出最满意方案，融合共识趋于收敛时，共识度大于阈值，共识过程结束（图 7.5）。

由于在雾霾共识收敛问题中，政府、企业和公众三者均为重要的利益参与方，每一方决策都具有重要意义，并且不会轻易妥协对方，三者是在平等的地位上进行这次群体决策。所以，提出共识收敛模型时有一个重要的前提假设，就是所有决策者的参与权重不容改变，使个体无法改变意见或者调整备选方案。这样就杜

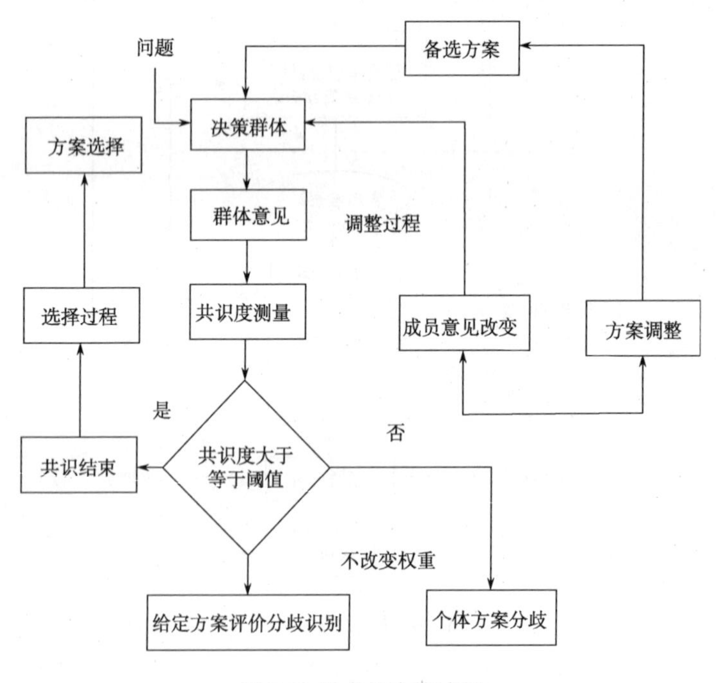

图 7.5　融合共决策过程

绝了决策中某方的权重无限降低来达成共识，致使决策的结果浮于表面。具体达成模型的方法为两个方面：①通过组织沟通与信息分享，促使分歧最大的成员向其他成员看齐；②在研讨方案时，通过对分歧度较大的方案进行调整，从而使共识趋于收敛。

7.3.1　共识度模型构建

在处理雾霾治理的融合共识问题当中，由于参与过程中专家群组代表的阶层各不相同，而专家又受各自知识水平、个人喜好、评估水平不同，对雾霾治理往往保持不同看法，所以各自有很大分歧。在治理的过程中，如果能够掌握专家群组的分歧程度，了解专家与专家之间关于备选方案的意见距离便可以从分歧角度入手，运用调整备选方案等措施来促使融合共识。可以说，能够得到专家之间的分歧度或是群体差异系数，便可以大大加快共识收敛的进程。针对这一问题提出了共识度模型，并在此基础上提出群体差异系数。

模型的构建：假设群体 $k(k\geqslant 2)$ 尝试对备选方案达成共识，X^c 为备选方案的集合，c=1，2，3，…，t，表示共识过程的轮数；C 表示评价标准；假设每个决策者 $p\in k$，根据共同目标对评价标准 C=[c_1，c_2，…，c_m]的评价权重为 h_k：$c_j\rightarrow[0,1]$，确定为

$$\sum_{c_j\in C} h_p(c_j)=1 \tag{7.1}$$

其中，$h_p(c_j)$ 为决策者 p 对评价标准 c_j 的权重值，且 p=1，2，…，k；j=1，2，…，m。

同样假设 A_p：$C\times X^c\rightarrow[0,1]$，$\forall\ c_j\epsilon C$，确定为

$$\sum_{x_i(c)\in X^c} A_p[c_j,x_i(c)]=1 \tag{7.2}$$

其中，$A_p[c_j,x(c)]$ 表示决策者 p 关于 c_j 对方案 $x_i(c)$ 的评价值，为了确定评价标准的权重 $h_p(c_j)$ 及决策者 p 关于评价标准对方案 $x_i(c)$ 的评价值 $A_p[c_j,x(c)]$，令 $h_p(c_j)$ 表示决策者 p 关于评价标准判断的矩阵$|\boldsymbol{X}^c|$，$A_p[c_j,x(c)]_{c_j\in C,x_i(c)\in X^i}$ 表示为决策者 p 根据评价标准 $c_j\in C$ 对所有备选方案 $x_i(c)\in X^c$ 的评价值构成的矩阵。$|\boldsymbol{C}|\times|\boldsymbol{X}^c|$。$P$=1，2，…，$k$；$j$=1，2，…，$m$；$i$=1，2，…，$n$；$c$=1，2，…，$t$。

对决策者 $p\in k$，定义 $f_p:X^c\longrightarrow[0,1]$ 为

$$f_p[x_i(c)]_{x_i(c)\in x^c}=[h_p(c_j)]_{c_j\in c}\cdot A_p[c_j,x_i(c)]_{c_j\in c,x_i(c)\in x^c} \tag{7.3}$$

其中，$f_p[x_i(c)]$ 为决策者 p 对方案的评估值 $x_i(c)$，$f_p[x_i(c)]_{x_i(c)\in x^c}$ 包括所有方案的矩阵$|\boldsymbol{X}^c|$。

任意一对成员$(m, l)$$(m\neq l,\ l=1,\ 2,\ \cdots,\ k)$对备选方案评价矩阵的距离为

$$d_c(m,l)=\sqrt{\frac{1}{k}\sum_{c_j\in c}\left\{f_m[x_i(c)]-f_l[x_i(c)]\right\}^2} \tag{7.4}$$

根据任意一对成员$(m,\ l)$对备选方案$x_i(c)$评价的意见距离有$k(k-1)$个，且$d_c(m,l)=d_c(l,m)$。那么，备选方案$x_i(c)$中k位成员评价的距离，通过算术平均算子集结了所有成员的意见距离

$$d_c(m,l)=2\sum d(m,l)/k(k-l) \tag{7.5}$$

由式(7.1)~式(7.5)，群体决策的共识度计算为

$$\mathrm{Con}(k,\boldsymbol{X}^c)=1-d_c(m,l) \tag{7.6}$$

7.3.2 群体差异系数

群体差异系数指群体所有备选方案集合X^c的共识度$\mathrm{Con}(k,\boldsymbol{X}^c)$与忽略任意方案的共识度 $\mathrm{Con}(k,\ \boldsymbol{X}^c-1)$的差值，表示为$\delta_{xh}[x_i(c)]\in(-1,1)$，其群体差异数量值为

$$\delta_{\mathrm{xh}}[x_i(c)]=\mathrm{Con}(k,\boldsymbol{X}^c)-\mathrm{Con}(k,\boldsymbol{X}^c-1) \tag{7.7}$$

其中，c为共识过程的轮数，c=1，2，…，t；$x_i(c)$表示在c轮共识过程中，备选方案集合了$\boldsymbol{X}^c$的第i个方案，i=1，2，…，n，且$n\geqslant 3$。

由此可见，如果专家组对于某方案的差异系数表现最小，说明该方案不利于合作共识收敛，需要改正或者放弃，因为当专家组放弃该方案时，其他（$\boldsymbol{X}^c-1$）的方案共识度将最大；如果专家组对于某方案的差异系数表现最大时，那么说明该方案有利于共识度收敛，因为当专家组放弃该方案，共识度$\mathrm{Con}(k,\boldsymbol{X}^c\text{-}1)$将会最小；当差异系数为0，说明该方案对于合作共识收敛没有影响。

7.3.3 算例分析

某区域遭遇特大雾霾影响，该区域政府为了解决雾霾问题，进行了调查。调查发现，雾霾治理过程中，要想在规定期限内解决雾霾问题，必须使众多利益相关方达成共识，选择方案，共同治理。通过调研，研究人员发现了影响雾霾的因素有重化工企业违规排放、法律不完善、不完善的气象预报等，参与方主要有政府、企业、公众三个方面。于是，该地政府召集了企业方代表 2 名，公众方代表 2 名，并派出政府发言人 2 名，参与群体决策，事先达成约定。

三方就方案的认可程度达到 98%为目标，并以处理雾霾过程中所涉及成本指

标(人力资本与资金)、收益指标(未来减少的损失以及可以带来的效益)、处理时长(有效治理时间占整个雾霾发生过程的比重)3 项作为评价标准。对备选方案集合“限制 10%的尾气排放严重的机动车上路时间”“整治 30%的重化工企业”“相关法规制定进程加快 30%”“对雾霾天气的监测与卫生预防服务水平提高 15%”进行评价。

将这些变量表示为:参加决策过程的群体为 k=6;评价标准集合为 $C=[c_1, c_2, c_3]$=[成本指标，收益指标，处理时长]; 初始备选方案的集合为 $X^1=[x_1(1), x_2(1), x_3(1), x_4(1)]$=[限制 10%的尾气排放严重的机动车上路时间，整治 30%的重化工企业，相关法规制定进程加快 30%，对雾霾天气的监测与卫生预防服务水平提高 15%]。

1. 共识度计算

6 名成员通过足够时间的信息交流与意见分享后，各自对方案进行了评价，根据对共同目标的目标值，得到评价值构成的矩阵

$$\begin{array}{ll} \boldsymbol{h}_1(\boldsymbol{c}_1, \boldsymbol{c}_2, \boldsymbol{c}_3)=[0.6\ 0.3\ 0.1] & \boldsymbol{h}_2(\boldsymbol{c}_1, \boldsymbol{c}_2, \boldsymbol{c}_3)=[0.1\ 0.7\ 0.2] \\ \boldsymbol{h}_3(\boldsymbol{c}_1, \boldsymbol{c}_2, \boldsymbol{c}_3)=[0.4\ 0.2\ 0.4] & \boldsymbol{h}_4(\boldsymbol{c}_1, \boldsymbol{c}_2, \boldsymbol{c}_3)=[0.3\ 0.2\ 0.5] \\ \boldsymbol{h}_5(\boldsymbol{c}_1, \boldsymbol{c}_2, \boldsymbol{c}_3)=[0.1\ 0.8\ 0.1] & \boldsymbol{h}_6(\boldsymbol{c}_1, \boldsymbol{c}_2, \boldsymbol{c}_3)=[0.3\ 0.4\ 0.3] \end{array} \tag{7.8}$$

根据每个成员的意见综合，得到备选方案的评价矩阵

$$\begin{array}{ll} \boldsymbol{A}_1[\boldsymbol{c}_j, \boldsymbol{x}(1)]=\begin{bmatrix} 0.6 & 0.1 & 0.1 & 0.2 \\ 0.1 & 0.4 & 0.4 & 0.1 \\ 0.3 & 0.1 & 0.2 & 0.4 \end{bmatrix}, & \boldsymbol{A}_2[\boldsymbol{c}_j, \boldsymbol{x}(1)]=\begin{bmatrix} 0.1 & 0.2 & 0.1 & 0.6 \\ 0.2 & 0.1 & 0.5 & 0.2 \\ 0.3 & 0.2 & 0.3 & 0.2 \end{bmatrix} \\ \boldsymbol{A}_3[\boldsymbol{c}_j, \boldsymbol{x}(1)]=\begin{bmatrix} 0.1 & 0.7 & 0.1 & 0.1 \\ 0.1 & 0.2 & 0.5 & 0.2 \\ 0.4 & 0.1 & 0.4 & 0.1 \end{bmatrix}, & \boldsymbol{A}_4[\boldsymbol{c}_j, \boldsymbol{x}(1)]=\begin{bmatrix} 0.1 & 0.5 & 0.2 & 0.2 \\ 0.1 & 0.4 & 0.1 & 0.4 \\ 0.2 & 0.6 & 0.1 & 0.1 \end{bmatrix} \\ \boldsymbol{A}_5[\boldsymbol{c}_j, \boldsymbol{x}(1)]=\begin{bmatrix} 0.6 & 0.1 & 0.2 & 0.1 \\ 0.5 & 0.3 & 0.1 & 0.1 \\ 0.2 & 0.5 & 0.2 & 0.1 \end{bmatrix}, & \boldsymbol{A}_6[\boldsymbol{c}_j, \boldsymbol{x}(1)]=\begin{bmatrix} 0.1 & 0.2 & 0.5 & 0.2 \\ 0.4 & 0.3 & 0.1 & 0.2 \\ 0.1 & 0.7 & 0.1 & 0.1 \end{bmatrix} \end{array} \tag{7.9}$$

代入式(7.3)，可以得出决策成员对 4 个备选方案的评估值

$$f_1\left[x_i(c)\right]_{x_i(c)\in x^c}=[0.42\ 0.19\ 0.20\ 0.19],\quad f_2\left[x_i(c)\right]_{x_i(c)\in x^c}=[0.21\ 0.13\ 0.42\ 0.24]$$

$$f_3\left[x_i(c)\right]_{x_i(c)\in x^c}=[0.22\ 0.36\ 0.30\ 0.12],\quad f_4\left[x_i(c)\right]_{x_i(c)\in x^c}=[0.15\ 0.53\ 0.13\ 0.19]$$

$$f_5\left[x_i(c)\right]_{x_i(c)\in x^c}=[0.48\ 0.30\ 0.12\ 0.10],\quad f_6\left[x_i(c)\right]_{x_i(c)\in x^c}=[0.22\ 0.39\ 0.22\ 0.17] \tag{7.10}$$

代入式(7.4)，可以得出成员之间对备选方案的评价的距离(表 7.3)。

表 7.3　成员之间的意见距离

	1	2	3	4	5	6
1	–	0.0874	0.0616	0.1400	0.1074	0.0899
2	0.0874	–	0.1168	0.2042	0.1549	0.1541
3	0.0616	0.1168	–	0.1171	0.1317	0.0453
4	0.1400	0.2042	0.1171	–	0.1683	0.0623
5	0.1074	0.1549	0.1317	0.1683	–	0.1366
6	0.0899	0.1541	0.0453	0.0623	0.1366	–

由式(7.6)，可得对备选方案评价的共识度为$\mathrm{Con}(6,X^1)$为 0.8815。

如果忽略“限制 10%的尾气排放严重的机动车上路时间”这个条件，根据式(7.4)，计算出任意一对成员对其他方案评价的距离(表 7.4)。

由式(7.7)及表 7.4，计算出在忽略第一种方案“限制 10%的尾气排放严重的机动车上路时间”的条件下，群体差异系数为 0.0086。

表 7.4　忽视“限制 10%的尾气排放严重的机动车上路时间”条件下的意见距离

	1	2	3	4	5	6
1	–	0.1117	0.1191	0.1676	0.1402	0.1072
2	0.1117	–	0.1286	0.2471	0.2078	0.1762
3	0.1191	0.1286	–	0.1402	0.0971	0.0775
4	0.1676	0.2471	0.1402	–	0.0816	0.0709
5	0.1402	0.2078	0.0971	0.0816	–	0.0338
6	0.1072	0.1762	0.0775	0.0709	0.0338	–

同理，计算其他备选方案的意见距离(表 7.5)。

表 7.5　首轮共识过程的群体差异系数

方案	限制 10%的尾气排放严重的机动车上路时间	整治 30%的重化工企业	相关法规制定进程加快 30%	对雾霾天气的监测与卫生预防服务水平提高 15%
群体差异系数	0.0086	–0.0118	0.0015	0.0483

2. 结果讨论

共识度模型在权重值不变的情况下，通过该模型可以根据专家群体的意见来得到各自的意见距离，即分歧度。在得到各自分歧程度的情况下，便可以更加清晰地看到促进共识的着手点。达成融合共识从两个方向同步进行：在共识度大于阈值的情况下，分别判断备选方案的分歧识别以及个体意见之间分歧程度，在不改变权重的情况下进行修正：①通过沟通促使专家意见一致；②通过方案修改，更改意见分歧最大的方案，使专家组的意见改变，促使群体意见趋于收敛。

由此可得到两个结论：①由表7.3的数据可得，成员2与成员4之间存在着最大的意见距离，即两人的意见分歧度是最大的，表明两人代表的利益存在较大的冲突。从表7.5看，在首轮融合共识中，成员只有对“整治30%的重化工企业”这一条备选方案的群体差异系数为负数，所以可以得出成员对这个方案存在着分歧，而对其他方案保持着不同程度上的认同。由于每个成员代表了不同群体以及不同身份，所以必然存在着意见差异，但每个成员的目标又是在一定程度上是相似的，即：在尽可能自身利益不受损害的情况下，最大限度地解决雾霾问题，甚至实现多赢。②“对雾霾天气的监测与卫生预防服务水平提高15%”这一方案分歧最小，而整治30%的重化工造成了最大分歧(表7.5)。这也符合我们的预期，因为大规模的整治企业将会造成企业部分时间停产，会使一大部分员工暂时性失业，不仅造成区域经济下降，还可能引发社会问题。而提高雾霾天气的监测预警与卫生预防服务水平的提高能很大程度的减少居民受雾霾污染的影响，符合所有参与方的利益需求。对于其他方案，最好的选择便是促使一部分人让步，或将方案进行适度调整，从而降低分歧程度，达到融合共识收敛。

7.4　本章小结

基于国内外学者融合共识的理论基础上，综合分析我国雾霾治理中政府、企业、公众的合作共识问题，并为其提供了一条可行的路径。

(1)分析了我国雾霾治理现状，与实际相结合，提出了以综合集成研讨厅为主体，物理-事理-人理系统方法论为实践原则的融合共识合作探讨体系。在这个体系中，综合集成研讨厅将作为政府、企业、公众进行合作研讨的平台，三方将通过对备选方案的提出、研讨、评估进行一系列的讨论，由于平台实现“人机结合”，所以三方的意见交流与信息资源分享将毫无障碍，大大提升决策效率。决策中履行“懂物理、明事理、通人理”的实践准则，通过问题的提出、方案的确定与优化、结果的评价以及下一轮问题的提出等流程进行了一系列多层次多轮次的合作研讨。这一体系改革了传统决策体系，大大提高了决策效率。

(2)融合共识过程中如何认知到专家群组的分歧度是能否实现融合共识的重要条件之一。在提出了备选方案后，当共识度低于阈值时，将进行二次讨论，有两种路径可以达成融合共识：一方面通过合作沟通，促使少部分人向大部分人看齐，另一方面通过修改备选方案，缩短大部分人的意见距离，最后使共识度大于阈值，进入选择方案与实践环节。基于决策者权重不变的条件下，提出共识度模型，着手解决分歧度问题。运用算例进行分析，证实达成两种融合共识收敛的办法是可行的。分歧不可避免，完美的融合共识基本上是很难实现的。所以在得出群体差异系数时，缩短大部分人的意见距离，或者修改备选方案促使专家组分歧程度降低是达成融合共识的最佳方案。

(3)从合作探讨的流程来看，融合共识是整个雾霾治理流程提高决策效率的重要途径。群体决策相比个人决策的一大缺点便是花费的时间要远远多于个人决策，即效率较低，即使决策成果准确性较高，但应对突发性雾霾将仍会造成较大损失。若是事先构成决策平台与成熟的融合共识体系的话将大大提高这一决策过程的过程。将综合集成法作为平台框架，WSR 系统方法论作为决策实践原则，共识度的采集与方案的选择采用共识度模型，并将其与群决策理论融合，构建出一套完整、可长期使用并能不断更新的群决策融合共识系统。融合共识系统从利益相关方的参与到方案输出的最满意方案都有所涉及，将长期为解决雾霾灾害效力。

第8章　雾霾跨域治理的多元协同机制研究

协同规制就是政府、市场与社会力量通过一定的合作方式做成的网状管理系统(张润君，2007)。协同治理机制是指多个主体突破单一主体的模式共同治理，为寻找最佳的治理方法，提高治理效果，各主体之间相互联系互相促进的一种系统方法。

从雾霾治理中的演化博弈分析与仿真结论，可以看出，雾霾治理主体(政府、企业、公众)经过不断地沟通和共享彼此掌握的信息，最终都会博弈协调达到均衡状态。这说明在一定条件下，对雾霾跨域治理进行协同治理是可行的，在雾霾跨域多元协同治理机制中，政府、污染企业和公众只有相互协同才能达到更好的治理效果。

8.1　雾霾跨域协同治理框架分析

8.1.1　基于行动者网络的分析

基于雾霾跨域治理的基础，在协同治理的大方向下，结合行动者网络理论分析构建雾霾跨域治理多元协同机制的思路。首先，行动者网络理论(ANT) 采用网络模型来描述行动主体之间相互依赖的关系，这种关系是指网络结构的环境对行动者提供机会和限制。ANT 的 3 个核心概念为行动者、异质性网络和转译，行动者是人、技术(非人的)、机构、市场主体等异质要素的统称。每一个行动者都有各自的行动能力和利益，同时行动者之间的关系影响其行为和获取的资源。ANT 十分注重行动者网络的价值，强调行动者之间的利益协调与整合，鼓励行动者之间互动如沟通、谈判和协作等。转译是使被转译者满意进入网络后的角色转变，是建立行动者网络的基本途径。各行动者的利益不停转译，通过持久而有弹性的物质、自然与技术的密切联系，才能保住网络的稳定性，才能承受起时空的考验。ANT 已被应用到经济、管理和人文地理等众多领域，被视为理解世界复杂性及其问题的一系列实践，为多行为主体社会分析提供了特殊的方法。

开展基于行动者网络理论的雾霾跨域协同治理的分析，原因在于：①雾霾跨域治理涉及主体众多，不仅包括中央政府、地方政府、排污企业、公众，还应包含气象部门、高校等。②雾霾的跨域治理也分为不同阶段。首先是中央政府意识到跨域治理雾霾的重要性，陆续颁布相关法律及制度要求促进区域间的合作。然后是地方政府间加大合作，对排污企业的监管力度也随之加大，这致使排污企业进行反抗，政府的态度也因企业做一定调整。随后，公众及其他社会环保组织的参与使政府和企业都增加压力，促使区域间政府积极合作，企业排污减少。这一系列的措施均可以总结为 3 个方面即法律法规方面、信息平台建设方面以及科学检测方面。法律法规建设是构建跨域协同治理保障；信息平台为主体间提供沟通交流传递信息渠道；科学监测则为雾霾治理提供科学防治措施。

8.1.2　雾霾跨域治理行动者网络构建

行动者网络构建的关键就在于转译过程，完成转译过程也就意味着实现了雾霾跨域治理的行动者网络。当然行动者网络的构建并不是如此简单，它需要经过问题呈现、利益赋予、征召和动员这 4 个过程然后最终实现行动者网络的构建。

1. 问题呈现

在这一阶段，作为主要行动者的政府，需要明确各行动者的问题并给予每一个行动一个明确的定位。政府是整个雾霾治理过程中的政策制定者以及推进的保障者，需要引导和动员其他行动者为共同的网络目标，建立一致的行动过程。对企业而言，首先目的在于取得经济利益，这是它存在和发展的必要，那么经济利益和社会责任就是需要权衡的问题；而对于公众而言缺少参与渠道和信息不对称，导致社会公众的参与程度不够；这同时也意味着社会团体对于公众引导的缺失，没有发挥出应有作用。以上这些都进一步反映制度和标准的缺失，导致各行动者缺乏客观依据，处于各自为战的状态，没有一个完整体系。

2. 利益赋予

利益赋予是鼓励行动主体完成各自任务的有效措施，政府引导雾霾治理的最终目的就是实现净化空气减少甚至是消除雾霾。雾霾治理是一项必要的任务，需要行动者相互协作，企业参与雾霾治理可以获得一定的经济补偿和技术支持，这些有利于企业长期发展，同时可以促进企业自身转变生产方式，实现低碳经济；社会团体充分地利用自身在连接政府和公众方面的优势，发挥桥梁作用，在雾霾治理中扮演重要角色；科研机构对于雾霾治理技术和雾霾的相关研究可以进入实践生产领域，充分发挥它们的价值；事实上，对于雾霾治理最为关心的就是社会公众，他们需要一个健康大气环境，这与每一个人的生活、健康都是息息相关的。

3. 征召

各行动者对参与雾霾治理自身的问题和所能获得利益都有明确的认识，接下来就要进入征召阶段。作为网络核心的政府在这一阶段作为征召者，需要为其他行动者做出任务分配，明确每一个行动者所要完成的任务；同时，政府需要为其他行动者参与提供法律和制度保障，制定符合实际的雾霾治理标准。企业以及社会公众所从事的生产、生活活动是导致雾霾产生的主要原因，那么企业最需要的就是要转变生产方式，尤其是能源利用方式走节能环保的绿色经济路线；社会公众要强化参与意识，形成一种低碳生活的生活方式，倡导公众的绿色出行，公众只有身体力行的参与其中才能发挥广大主体的力量从而推动实现雾霾治理；社会团体要利用自身的优势发挥桥梁作用做好动员群众和响应政府的工作，致力于推动政府和公众的协调；科研机构对于雾霾技术的革新和发展是其他行动者行动的武器，他们要做好雾霾防治技术的推广和宣传。

4. 动员

网络中的行动者经过征召都有明确的任务分配，动员就是每个行动者按照各自任务进行行动。政府要制定雾霾相关的政策、法律法规和相关的技术标准等，这是其他行动者的依据；其他行动者需要做的就是依据政府的政策等，响应政府的行动，完成分配的任务。尤其是企业和公众，很大程度上直接决定了雾霾治理的成效，企业要贯彻绿色生产，推动生产方式的转变降低能耗；公众更是应当从身边的小事做起，养成绿色环保的生活方式，从绿色出行做起。

虽然信息同样是整个行动者网络的参与者，但是在这里并没有进行讨论，主要是考虑到信息这一行动者于其他行动者之间的高度重合性。比如就气象信息而言，是政府作为一个职能部门所必须要进行的一项职能，在对政府的转译过程就已经得到体现，因而就把它作为一个辅助型角色，没有进入单独的转译过程。但这并不意味着信息是无关重要的角色，只是与其他行动者的重合故而未做过多论述。行动者网络理论是一个完整的过程，在这一过程中首先要做的就是要确定行动者，并给予每一个行动这一个明确的定位。主要行动者担负着整个网络运作的重任，在跨域雾霾治理当中，政府就是主要行动者，它要明确整个网络的目标，确定其他行动者的问题和利益需求，并进一步征召和动员其他行动者参与其中，最终形成行动者网络(图 8.1)。

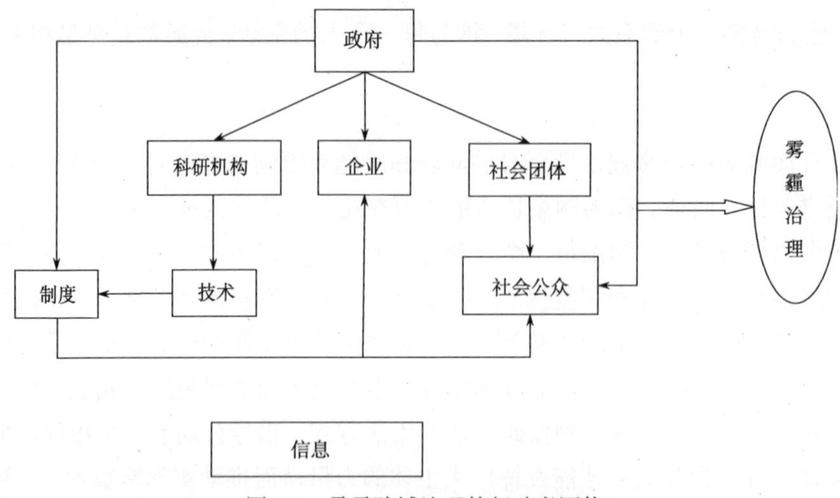

图 8.1 雾霾跨域治理的行动者网络

8.1.3 雾霾跨域协同机制的建立框架

影响各主体的博弈选择的主要因素可以概括为程序博弈、价值博弈、利益博弈和结构博弈。程序博弈是指在雾霾治理过程中地方政府间缺乏适当的管理政策程序和政策制定的透明性，或者一政府完全依靠另一政府而不参与的机会主义博弈；价值博弈是指不同决策者因价值判断的不同而对目标赋予不同的相对重要性所引起的博弈；利益博弈是指各方因利益分配不均和利益格局不合理所引发的博弈；结构博弈则是指决策方由于雾霾治理的体制环境有缺陷而导致的实质权力分配不均所引发的博弈(表 8.1)。

表 8.1 雾霾跨域治理过程中各博弈类型

类型	根源	表现形式
程序的博弈	沟通不良、参与不足和行动不力	政府措施不到位，缺乏行动力，管理机械，在雾霾跨域治理相关决策上与合作区域政府及公众沟通不足，公众无法参与雾霾治理的决策过程，政策不能获得政府间认同和协作，同时产生公众对政府的不信任
价值的博弈	监督与不监督、治理与不治理、公益与私益之争	政府基于环境保护的监管损害了企业的利益和经济的发展，对于企业而言面临污染的罚款及长久的生态环境处于治理与不治理的边缘，主体间均在公益与私益间博弈
利益的博弈	利益分配和风险承担不均衡	跨域政府间由于雾霾程度和区域发展的不同，在雾霾治理过程中付出的成本也不一样，因此雾霾治理的利益分配要达到相对均衡
结构的博弈	制度缺陷与体制不足	在雾霾治理过程中，相关法律和制度的缺少造成雾霾治理的阻碍，相关政策及措施实施效果不明显

雾霾跨域协同治理就是多元主体在雾霾治理中不断磨合，通过跨域治理和协同治理在不断地利用一定方法措施，即法律法规、信息平台、行政措施、市场措施等等，以不断解决主体间存在博弈冲突，针对冲突建立治理措施的过程。因此，可以看出在雾霾跨域治理过程中，要想建立跨域协同的治理机制，需要各主体解决各自利益冲突，以整体的利益和共同的雾霾治理为中心，通过指挥、协商和谈判建立纵横交织的网络，形成资源共享、互惠合作的机制，从而达成共同的雾霾协同治理目标。

综上所述，综合跨域治理协同治理以及行动者网络理论的雾霾跨域治理协同机制构建框架(图 8.2)。

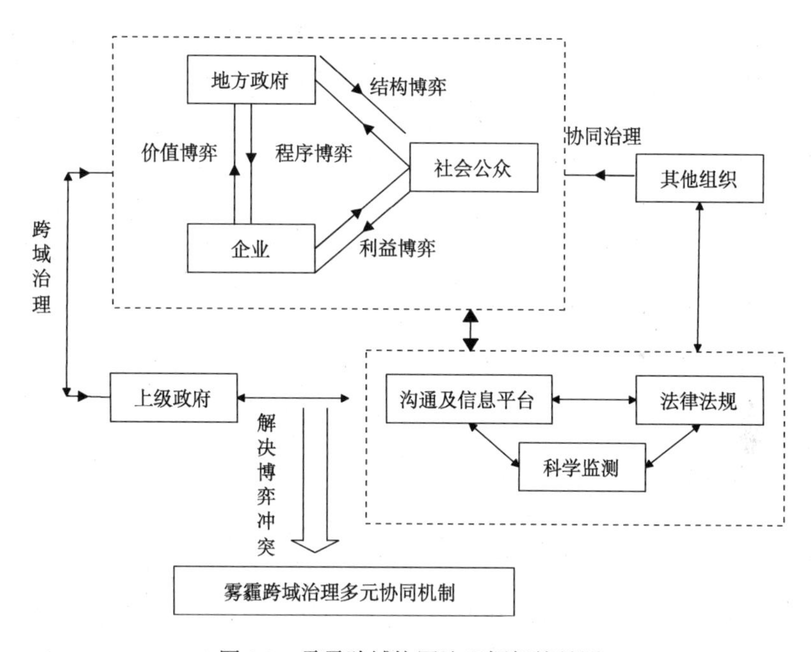

图 8.2　雾霾跨域协同治理框架简易图

8.2　雾霾跨域治理协同机制

8.2.1　参与沟通网络

参与和沟通雾霾治理相关主体建立伙伴合作关系，展开协同行动的第一步。不管是政府去与排污企业之间，还是跨域政府与政府之间，他们之间产生博弈一方面是为自身利益，另一方面则可以认为是他们之间的互相参与和沟通欠缺。由于沟通渠道和平台的缺失，使各主体在做出决策时，不完全了解相关方的决策，致使在雾霾治理过程中不能达到治理的效果。

因此，要加强政府间、政府与企业、公众及其他相关主体间的信息沟通，避免机会主义的产生，树立“利益共同体”的理念。为使跨域政府间做到信息的及时沟通，可以建立政府间的跨域联席会议机制。通过跨域联席会议，可以不断了解区域内的空气质量情况及其变化趋势；同时，也可明确区域空气质量改善的目标以及重点治理项目，在沟通污染防治措施后，协调解决影响空气质量改善的突出环境问题；另外，公开、透明的信息平台是跨域协同治理有效实施的基石。我国雾霾治理失败的一个原因就是政府间信息的透明度不够。建立公开的信息平台，将地方政府有关资源使用的建设投资、研究分析、监管报告、管理制度、事件评估等以及企业排污情况、惩罚情况、绿色评价等尽可能充分地向对方政府及公众公开，以此加强政府间沟通，避免机会主义的产生。

需要注意的是，在雾霾治理过程中，不仅有直接参与治理的主体，还会有像新闻媒体、人大、政协以及雾霾防控监测中心等，这些机构或团体的存在建立了政府、企业和公众间信息沟通的桥梁，同时也是雾霾治理监督的重要组成部分。

8.2.2　利益协调网络

在一个系统内，每一个主体都有其发挥的作用及自身的利益需求。不同性质的主体利益需求也不一样，因此，必须充分照顾每个主体的利益需求。在上文中，各主体间存在博弈关系，平衡各主体的利益，才是对各主体参与雾霾跨域治理的完整保障；同时，注意合理利用政府的主导作用，通过资源的合理配置、市场机制和技术手段的应用，达到多元主体合作治理的根本目的。

区域政府与政府间的跨域合作博弈中，影响政府间合作的主要因素包括政府间跨域合作的协作收益，以及在政府间采取不同策略时选择合作一方的合作成本和选择机会主义的一方获得的额外收益，还有合作后收益的分配比率因素。因此，要完善跨域合作的机制，要着重关注以上因素的影响，建立以利益平衡与协调为基础的监管方式。

1. 加强政府间的协作收益

这里所指的协作收益不只是代表政府由企业获得的税收及罚金等经济收益，还包括公民整体福利提高带来的政治收益等。增加政府的协作利益并不是要求政府加大对污染企业的惩罚力度或加大税收，而是在问责和监督机制下，企业自觉为自己的污染行为付出的代价。具体而言，雾霾治理首先应当完善问责机制，明确责任主体。政府在追究污染责任时要灵活的遵循市场规律以及行政干预。在运用市场机制执行相关罚款时政府也要承担起监管的责任，不能任由市场决定。其次，我国现有相关法律存在“守法成本高，违法成本低”的现象。针对此现象，我国政府可以提高处罚上限，或者不设处罚上限来增大处罚力度，从而迫使企业减排。

2. 合理分配跨域合作收益

影响跨域政府合作的重要原因，是区域间各方的利益协调与平衡问题。区域间的整体发展水平是不一致的，这也导致雾霾污染的区域性特征。因此，要综合考虑各地的环境容量、承载力、社会发展水平以及排污总量，同时还要考虑地区间经济发展和雾霾治理水平的差异，在区域统一监管和统一执法的基础上，围绕统一的目标制定差别化的区域治理规划。

3. 加大企业排污成本

在政府与污染企业博弈模型中可以发现，企业污染时的预期收益越高，同时由于污染受到的罚款及品牌损失成本越低，越倾向污染；政府的监管成本越低，同时罚款收益越高，越倾向加强监管。针对此，可以通过制定一系列的财税制度，使企业在污染排放时受到整体利益的拘束减少排污；建立相应的利益补偿机制，使环境保护的受益者为其享有的环保成果支付相应的费用。运用经济手段进行处罚和征税只能起到事后惩戒的作用，起不到真正遏制污染事件发生的作用。政府要灵活运用市场机制来治理企业的污染排放，如建立污染排放量交易、排放权交易等机制，而基本原则是“谁使用、谁付费”。

8.2.3 多元参与网络

雾霾的治理问题不只是政府和污染企业的责任，也是社会公众的事情。博弈演化中，公众的决策显著影响政府和企业的策略选择。公众参与雾霾治理不仅可以弥补政府职能的不足，而且可以补充市场功能的缺陷。在多元协同治理机制中公众起着关键的辅助和支撑作用；同时，在雾霾跨域治理的协同机制中，政府、公众以及污染企业之间是平等的治理主体关系，而不是“指挥”与“被指挥”的关系。社会公众虽依靠政府的支持，但社会公众是独立于政府的存在，其职责为监督企业，也包括监督约束政府，防止政府与污染企业合谋。

1. 鼓励并引导民间环保组织产生

从雾霾的三方演化博弈中可知，社会公众能否选择参与监督治理，主要取决于政府能否给他们与其需求相适应的激励，这里的激励不仅仅是物质经济上的，更是影响其环保积极性的环境制度等因素。因此，政府鼓励和引导民间环保力量，必须建立健全奖励政策和多元协同的公众协同环境，推动公众参与治理。①建立空气质量检测信息发布平台，满足社会公众的大气环境知情权，可以通过建立多地区的监测网实时监测空气质量，利用移动信息技术和气象部门及时发布质量信息。②建立公众畅通参与的渠道，如设立公众参与平台、环保热线等，使公众参与有渠道可寻，完善环境诉讼制度，使公民参与雾霾治理有法可依，公众有权利对周边发生的污染事件提出诉讼。在完善公众参与雾霾治理的制度化环境和措施保障基础上，还要提高公众主动参与的意识，鼓励公众从身边事做起，养成关心环境的良好习惯。

2. 营造环保组织发展的环境

公众作为个体参与雾霾治理的力量是有限的，但当公众聚集在一起形成环保组织，其监督及治理的作用就会很大。因此，为鼓励雾霾治理组织的出现，政府应该积极营造有利于雾霾治理组织的社会环境和政策环境。要建立相关政策和制度，保证雾霾治理组织健康有力发展，鼓励环保组织充分发挥自己的独立性。政府在其成立时就要减少相关审批手续并减少对其的行政干预，使雾霾治理组织发挥其优势，为雾霾治理提供政策建议；而科研院校可作为特殊的雾霾治理组织，应发挥自己的科研优势，为大气污染治理提供科学支持；另外，目前我国环保组织普遍面临资金短缺的问题，博弈过程中政府的鼓励对其积极参与雾霾治理也起到正向作用，因此，政府可以合理设立专项资金，也可鼓励社会公众对环保组织的捐助，以此来支持环保组织的发展，从而增强环保的协同能力。

8.2.4 预防与监控网络

雾霾的跨域协同治理不仅要在污染过后有效治理，还要力求污染产生前预防和监控。目前，我国的雾霾监测工作主要由气象部门承担，其对雾霾的监测、分析和评价都优于政府和环保部门。因此，要建立预防与监控结合的多元运作机制，需要政府、环保部门与气象局联合，共同对空气质量变化和发展趋势进行研讨；同时，要建立健全雾霾的预报预警体系，加大科技投入，提高雾霾预测的准确度；

另外，进一步加强雾霾形成发展机理的研究，全面开展雾霾监测的同时要做好相邻区域的雾霾天气对本区域的分析和应对，准确全面反映雾霾污染状况，使公众对空气质量的知情权和利益诉求得到满足，从而指导公众采取合理的行动，消除一些不必要的曲解，减少雾霾对公众健康和生活等的危害。

跨域雾霾治理要走绿色科学的可持续发展道路，政府必须改变治理观念，从源头开始。因此，要合理统筹区域内的经济发展战略和产业结构布局，促进产业结构的优化升级，对于污染和能耗都很高的的产业新增能力严格节制，加速淘汰落后产能，压缩过剩产能，明确资源能源节约和污染物排放等指标；同时，政府要构建合理的激励机制积极推动企业自觉治理，明确违反规定污染环境后应承担的责任和要负担的经济赔偿，也明确积极进行污染治理后的奖励措施，以此提高企业治理雾霾的积极性。

8.3　雾霾跨域治理协同途径

鉴于雾霾问题的现状以及雾霾问题的公共物品属性，要实现雾霾的治理就需要建立一种跨域的协同机制。目前有，许多关于跨域协同机制方面的研究，但是很多只是强调法律、政府行政职能等各方面的行动，本书是在行动者网络理论下通过网络化的视角来进行综合考量。通过构造行动者网络，对整个网络中的行动者进行转译分析，给予每个行动者一个明确的定位，确定行动者之间的相互关系。雾霾跨域协同机制的主体包括整个行动者网络中的所有行动者，在跨域协同当中，主要的执行主体是政府、组织和社会公众，对于技术、制度以及信息等属于被激发状态。当然，需要明确的是，技术、制度以及信息等在整个协同机制当中是平等的参与者，不要只是以人为中心进行行为，这样才能体现行动者网络的意义。

8.3.1　雾霾跨域治理联动协同

跨域协同机制是在行动者网络基础上针对雾霾治理这一问题提出的一种行动机制，在不同行政区域调动一切因素实现雾霾治理。跨域协同的主体就是行动者网络中的所有因素，它们共同构建一个动态长效的机制，在这其中，制度、技术等则是维护这一机制运行的保障和支撑。跨域协同可以避免雾霾治理的公共物品困境和搭便车现象，从而能够更有效地解决雾霾问题(图 8.3)。

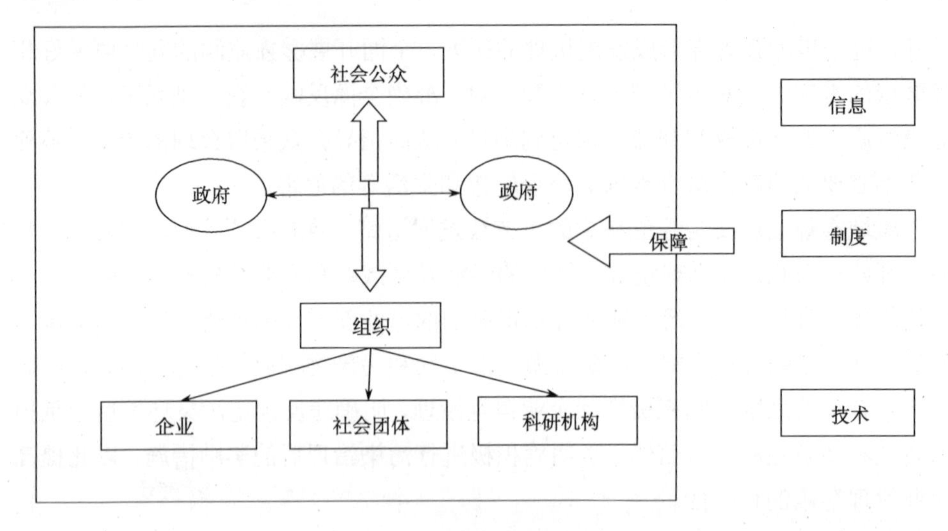

图 8.3　雾霾跨域治理协同

1. 政府-政府协同

跨域治理的核心就在于政府与政府之间的协同，决定其他行动者之间进行协同的基础。首先，政府是相关政策和法规的主要制定者和监督者，对于不同的行政区域而言，政府之间实现协同，可以有效地解决雾霾治理问题当中的公共物品困境，避免搭便车现象的产生；其次，政府之间的协同可以促进其他行动者的合作，为其他行动者的合作提供了一个良性的合作平台，同时打破地域的限制，可以更好地实现各方的协同治理。

2. 政府-组织协同

政府在雾霾治理当中更多的是提供保障和平台，并不是真正的执行者，这就需要组织机构来发挥桥梁作用来实现雾霾治理。具体而言，政府制定的雾霾相关政策和法规需要相关组织和机构的贯彻落实。从企业角度来说，它们是雾霾治理的直接相关者，需要配合政府进行符合环保需要的产业升级和改造，真正实现低碳经济，助力解决雾霾治理问题；而社会团体主要发挥组织社会公众参与以及宣传政府的相关政策并且及时反映群众呼声的作用；科研机构作为政府治理雾霾的智囊，他们需要提供切实有效的方案和标准来帮助政府科学决策。

3. 政府–公众协同

政府与公众是整个网络中的主要行动者和最富行动力的行动者，是实现雾霾治理的关键所在。在政府和公众的协同中关键之处在于信息对称，扩大公众的参与渠道，这样可以充分的激发社会公众的主人翁意识和参与热情；同时，政府还要为公众参与提供保障，这是政府的职责所在；社会公众对于雾霾问题的关注和监督是有效解决雾霾问题的有效方式，公众的监督反馈可以有效地降低政府监督成本，也可以为政府的决策提供有效的依据。

4. 组织–公众协同

组织机构和公众同为雾霾治理的直接行动者，激发双方对于雾霾治理问题的人情和参与程度。组织机构由个人构成的同时，又承担着连接政府和社会公众的作用，公众参与治理的途径和力量是有限的，这就依赖于组织机构来最大化社会公众的力量。组织机构可以扩大雾霾治理的影响范围，尤其是社会团体可以有效组织社会公众参与其中；同时，科研机构也可以加深公众对于雾霾问题的认识以及治理的相关措施等。

8.3.2　雾霾跨域治理多元协同

雾霾跨域治理的难题在于如何协调不同地区的利益问题，这不单是政府还包括企业和公众等，实现雾霾治理协同就是在实现雾霾治理的基础上最大化协调各方利益。要协调各方利益就应当在行动者网络视角下全面关注各个行动者的利益诉求，确定实现雾霾治理的有效方式。雾霾治理协同只是基于不同主体的协同，要真正实现不同主体的协同就要从实际出发解决各自面临的问题(表 8.2)。

表 8.2　雾霾跨域协同的实现途径

协同方式	关键点	实现途径
政府–政府协同	打破地域限制	(1)建立一个跨域雾霾联合治理机构 (2)建立一个完整的制度体系 (3)完善跨域治理相关的政治、法律建设
政府–组织协同	主要是企业的经济利益和社会责任的矛盾	(1)政府对企业、社会团体、科研机构等组织机构的支持和引导 (2)构建双方可以共同参与的平台，企业、社会团体、科研机构等利用自身优势参与其中

续表

协同方式	关键点	实现途径
政府-公众协同	公众参与渠道	(1)政府对公众的信息公开 (2)政府引导公众参与以及对公众参与的保障和支持 (3)社会公众养成雾霾防治的参与意识
组织-公众协同	组织动员社会公众	(1)组织机构发挥桥梁作用，连接政府与公众，帮助公众更好的参与 (2)组织机构要成为雾霾相关信息的宣传平台和民声的反映平台

从政府角度来说，跨域治理就意味着要打破地域的限制，站在区域一体化的角度来综合考量本地区的雾霾治理是一个全局化的观点。由于地方发展状况不同，打破地域限制是很难实现的，这是一个循序渐进的过程。在我国要实现跨域的协同更多的是要依靠体制力量，建立一个跨区域的雾霾治理机构，避免受到各地方政府的掣肘，这就意味着要建立一个完整的体系，这包括行政制度、法律保障等诸多方面，才能从真正意义上实现协同。同时，政府作为主要的行动者，还要为其他行动者参与雾霾治理提供平台和保障。

打破地域限制并不是立即可以付诸实践的，这需要一个长期的过程来保证，但是对于组织机构和社会公众参与雾霾治理，地域问题并不是一个阻碍，他们甚至可以推动解决政府间的合作。企业在雾霾治理过程当中主要是转变生产方式，尤其是对制造业以及一些重工业企业，要响应政府的号召实现节能减排的低碳经济；社会团体应当动员公众参与，可以与科研机构合作来引导公众的绿色生活；同时，对于科研机构而言，推动雾霾治理技术的革新对雾霾治理是必不可少的；而公众是最富活力的主体，他们需要从身边做起，从一点一滴做起，真正实现绿色生活，当然他们不但是执行者，也起着监督反馈的作用，他们可以参与政府决策，监督政府和组织机构的行动，切实保证实现雾霾治理。

实现雾霾治理就是要在网络视角下综合考虑那些人性因素和“非人”因素，这其中人性的因素是雾霾治理当中的主观行动者，他们之间的协同可以真正解决雾霾问题。而“非人”因素诸如技术、法律、制度等，他们是协调各方利益的客观依据，为主观行动者之间的协同提供保障。

8.4　本 章 小 结

在行动者网络理论视角下对雾霾跨域治理协同机制进行研究，重点探究跨域协同中各种行动者如何构成行动者网络以及主要的协同机制。通过研究发现：行动者网络理论的重点是打破人与非人因素之间的主次关系，不再是以人为中心，整个网络中的所有行动者之间是一种平等的关系。而且经过转译过程之后，行动者之间构成网络，通过在网络的视角下全面地考虑如何实现既定的网络目标。跨域协同是在行动者网络基础上进行的，是行动者网络中的所有行动者之间建立的一种协同，在这其中，政府、组织和公众是整个协同的具体执行者，技术、制度等是一个保障性角色，所有行动者的共同协作才可以建立有效的跨域协同。

第 9 章　雾霾跨域治理多元协同政策

总结雾霾跨域治理的多元协同模式，归纳雾霾跨域治理的机制；然后结合英国空气污染治理方面的成功案例，分析其在雾霾治理中的多元跨域协同的成功经验，为我国完善雾霾跨域治理问题的多元协同机制提供政策参考。

9.1　雾霾跨域治理的多元协同模式和机制

9.1.1　雾霾跨域治理模式和机制的分析框架

雾霾的治理问题错综复杂，本书以雾霾跨域治理、雾霾协同治理和多元参与治理三个理论为基础，构建起雾霾跨域治理多元协同分析框架，为雾霾跨域治理的多元协同模式和机制的提出提供依据。雾霾跨域治理的多元协同模式和机制是针对当前我国雾霾治理问题的综合性和复杂性提出的新型治霾模式和机制，是对雾霾治理理论的综合应用。本章将从不同角度总结出雾霾治理的三种模式，包括单中心模式、多中心模式和联合治理委员会模式，并从国家“十三五”发展时期的五大发展理念出发，构建起雾霾跨域治理的多元协同创新、协调、绿色、开放和共享机制(图 9.1)。

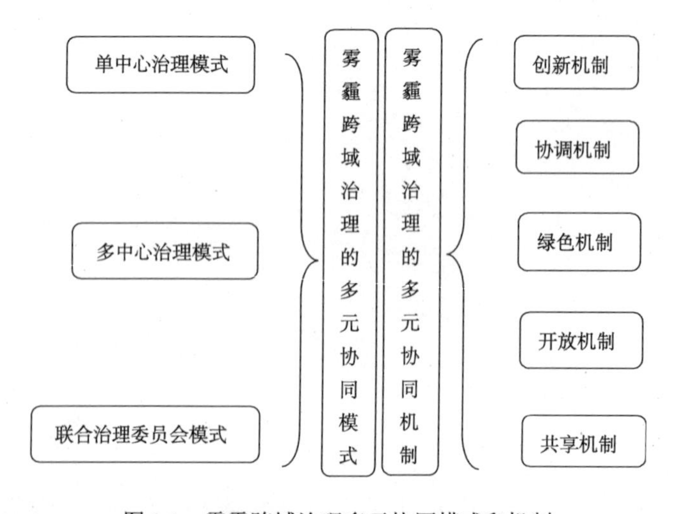

图 9.1　雾霾跨域治理多元协同模式和机制

9.1.2　雾霾跨域治理多元协同模式

1. 单中心治理模式

此模式以政府为治理主导力量，包括社会组织、媒体、专家和普通公民等在内的多元协同主体通过相互合作，根据自身专长和雾霾治理阶段，发挥主体功能，实施雾霾治理行为。由于每个主体在不同环节有自身不同的优势，在合作中使功能与专长相似的主体结合到一起，在雾霾治理的决策环节、监督环节、宣传环节和调节环节与政府展开协同合作。

(1) 雾霾治理决策一般由多个环节组成，具体来说可分为目标制定、信息调查和方案设计、方案评估和优化方案确定及反馈调整四个阶段。①为保证目标制定的合理性，在目标制定环节，媒体要在政府环保部门全面公开信息的基础上落实公众知情权，政府在公开雾霾治理目标之前，专家要表达对目标的看法，及时测算目标完成可行性，如出现分歧要及时与政府沟通，协商一致。②为保证公平性和科学性，在对雾霾污染源进行调查和治理方案设计时，区域内公众、专家和社会组织要与政府协同合作，进行调查取证。通过实地调查取证、明察暗访，梳理相关企业和所在区域雾霾问题的关系，并把调查结果与方案反馈给政府有关部门，政府需召集多元主体代表一起协商分析方案结果。③在项目评估阶段，首先选择专家和社会组织对项目影响进行调查与评价；其次，建设单位、环保主管部门与协同体内受到或可能受到雾霾治理项目影响的相关群体，通过会谈形式就项目产生或可能产生的环境影响进行双向交流，开拓政府思维，发现和分析项目存在或可能存在的问题，保证项目决策的公正性、独立性，避免由于政府经济利益导向的独断专行，做出错误的决策；媒体应及时发布相关信息，让公众及早了解项目建设情况，以便项目得到公众的理解和支持；再根据科学规范的评价体系对项目进行投票表决，决定项目是否上马。④反馈调整是决策中最后也是最重要的一环，专家、媒体和社会组织需要收集公众对项目或决策的意见，然后向政府反馈，集中转达公众对于雾霾治理过程中关注或担心的问题，以及治理方面的意见或建议。

(2) 在雾霾治理监督环节，①多元主体从环保部门发布的空气质量状况公报、空气质量的预报、日报、周报等，可以获得公开的环境信息，监督空气状况。②专家和媒体通过收集与发布政府公开的环境信息，为公众获取环境信息构建平台，通过对空气质量信息的关注，尽早发现危机隐患。在知悉环境信息后，社会组织通过适当的途径和手段，采取相应行动，对情况进行调查取证，上报政府，以矫正雾霾治理过程中的违法行为。③多元主体要对政府的雾霾治理执法行为进行监督，其职责包括对政府执法中的自由裁量权是否过度等不公正问题进行监督；对执法过程透明程度，是否有失偏颇进行监督制约；对出现执法人员暴力执法、工作方法不得当等问题进行投诉举报；是否存在行政不作为、执法不严和推诿扯皮行为；是否规范回复群众质疑，办理案件的问题；是否存在行政处罚执行情况落实不到位问题。

(3)在信息宣传引导环节，面对雾霾治理事故或危机，公众若无法获得权威、正当渠道的信息，就会被小道消息所迷惑，产生恐慌或抵触情绪，加深公众不安全感。因此，媒体要树立科学合理的媒体意识，及时有效对雾霾治理中存在的危机预警监督，传播正能量的信息，避免过度报道，或通过夸大事实的言论误导公众，应合理引导社会舆论，维护社会稳定。此外，媒体通过与专家、社会组织及时报道和跟进雾霾治理中的危机事件发展情况，促使政府危机信息的全面公开，遏制谣言的传播，展开良好互动，促进危机治理；同时，专家通过二次传播危机信息，帮助公众解读政府发布的环境危机信息，促进信息公开的广泛性与有效性；政府应急部门也要承担与多元主体相互合作配合的责任，实现信息资源共享。

(4)在冲突调节阶段，由于雾霾治理涉及众多利益主体，不同主体有不同的诉求表达导致雾霾治理中利益协调处于困境状态。如汽车尾气的排放是造成雾霾频发的重要原因之一，如政府出台相关政策限制车辆的生产与使用，势必遭到汽车生产商以及汽车使用者的抵制；又如政府依法关闭一些高能耗高污染企业，这将触动部分企业利益和地方政府利益，造成一定程度的抵制与抗议。再如政府出台法规限制市民燃放烟花爆竹，而普通民众认为燃放烟花爆竹是传统习俗不能抛弃，因而消极应对。当诸如此类的情况出现时，政府要及时出面协调好各利益主体之间的关系；同时，媒体要积极宣传雾霾治理纠纷的相关法规、规章和政策，教育公民爱护环境，防治雾霾，预防纠纷的发生；最后，专家根据调解经验，研究预防和处置雾霾治理纠纷的新方法。

2. 多中心治理模式

雾霾污染的跨域治理需要构建一个新型政府、市场和社会三大主体共同合作的多中心治理模式。该模式意味着政府角色、责任与管理方式的转变，政府主要是制定宏观的管理架构并制定环境资源的分配准则，扮演着提供服务的间接管理者角色；市场则扮演参与和调节的角色，不能单纯以个人利益为导向而盲目参与分配，需要社会为其提供准确的需求信息，政府从宏观上把握，引导市场发展环境友好型经济；而社会力量为雾霾治理提供有力支持，公民与非营利组织不再充当政府政策与市场副产品的被动接受者，开始独立决策、参与、监督雾霾的治理。

(1) 政府发挥治理雾霾的主导作用。政府在面对雾霾治理这个难题时，应该改变对于治理的绝对主体的控制，适度下放权力，并积极地引导企业、社会主体广泛参与，共同治理雾霾这一难题。但政府在公共管理领域的主导地位依旧不可动摇，仍旧需要发挥其宏观调控的优越性，制定相关法律政策限制相关主题对空气的污染，加大执法力度，对违反规则的组织与个人绝不姑息，建立多中心治理的制度基础。

(2) 市场严格执行导向性指令，发挥治理雾霾的调节作用。市场不能单纯以经济利益为导向，要严格执行政府提供的标准。现阶段雾霾污染之所以如此严重，主要根源在于企业的大量排污，因此，必须利用市场对资源优化配置的作用，使企业自主认识到牺牲环境换取经济利益是不可取的，提升市场主体对于雾霾治理的积极性，增强企业的社会责任感，减少排污量，不断提高企业的产品质量，努力走上绿色经济的道路，促进经济、社会和自然和谐发展。

(3) 社会成员共同参与雾霾治理，发挥主体作用。雾霾治理需要全民参与，公众要发扬主人翁的意识，不能存在搭便车等投机心理，而要发挥主观能动性，向政府表达真实意愿，向市场提供准确信息，时刻监督政府市场和其他主体的行为，减少私家车出行频率，参与绿化建设，践行环保型生活方式。此外，还要重视社会组织对于雾霾治理的监督作用，通过社会力量的集聚，对政府雾霾治理工作进行有效的监督，可以更好地反映社会大众的意见诉求，与政府及其相关部门进行交流沟通，真正做到人民当家做主。

3. 联合委员会治理模式

我国各地雾霾天气日益频繁和增多，大气的流动性和开放性使得雾霾污染由局部性空气污染向区域性污染扩张蔓延，因此，建立政府间的联合委员会治理模式显得尤为必要。雾霾治理的政府间合作关系，既包括中央政府与地方政府间的关系，同时也包括区域内横向政府间的关系。故应当成立中央层面的、国务院分管的雾霾治理地区协调机构，以及由该机构牵头、相关部门与各区域政府参加的治霾联合治理委员会，统一管理雾霾污染防治工作。联合治理委员会要构建立体化合作模式，协调好彼此之间的利益关系，建立空气污染和雾霾天气预警报告机制等措施，以实现对雾霾天气的有效治理。

(1) 构建立体化政府合作模式。①构建中央主导—地方参与型合作治理平台，即联合治理委员会；②构建地方主导—中央辅助型合作治理模式。联合治理委员会也可因地制宜设立以地方政府为主导的实体性省际组织或跨省机构。一是建立具有一定权威性的区域大气污染治理委员会，其成员由区域各地方主要行政领导担任，席位稳定，人员流动，且保证会议可以定时召开，主要发挥协调、指导的作用，共同处理跨区域雾霾污染问题。二是建立空气质量监管机构，其主要职责是进行空气检测，开展区域联合执法和情况通报，集中整治违法排污企业，组织开展对区域雾霾污染防治重点项目情况和城市空气质量改善情况的评估考核。三是建立区域雾霾治理的联络机制，加强各地方政府间的交流与合作，集中国家和区域内各级政府在舆论宣传、环境监测、气象预报等方面的资源优势，构建区域联动一体的应急响应体系，建立会商交流和信息共享机制，加强污染控制经验的交流，加强监测数据共享，运用信息化手段搭建合作交流平台，共同开发应用系统。

(2) 建立跨区域的利益协调机制。利益协调是在充分肯定各利益主体利益正当合法的基础上，通过竞争、协商、合作、体谅、妥协等途径建立制度化的契约，将多元利益诉求保持在合理和理性的限度内。好的利益协调机制可以推动治霾联合治理委员会跨越合作机制发展的制度性障碍，最大限度发挥其作用。因此，在利益协调的具体措施方面，联合治理委员会可以将政府横向财政转移支付机制应用于雾霾污染防治，主要是解决对污染源的治理、监督和整改的力度、成效和意愿。排污问题的解决要关注污染源地区的问题，从源头上看，治污首先必需控污，限制和减少污染排放，这其中最为关键的是污染源特别是排污地区的监管，必须调动和提升相关区域主管职能部门的积极性和主动性，而利益是解决问题的现实手段。具体地，由受污染地区政府将财政收入和专项资金有序转移到排污地区，这种横向支付能够改变因为收入差距而形成的治理污染的动机和意愿的不足，并在此基础上进行卓有成效的监督和整改。而在实施过程中也需要特别注意横向转移支付中可能出现的问题，确保横向转移支付以专项资金的形式使用。

(3) 建立空气污染和雾霾天气预警报告机制。我国雾霾天气频繁出现，环境空气质量重度污染，对人们的身体健康构成威胁，所以，建立网络化的重污染监测预警防控体系是势在必行。联合治理委员会应将环境治理与日常的空气污染监管紧密结合起来，建立一个全面、可靠的网络监测系统，以及高效的环境预警机制，全面推进网络化信息系统，毫无遗力地支持并提供对于环境监测的管理和监察的技术职能，逐步实现环境监控网络化、管理程序化、技术规范化、监测自动化，始终保持对环境违法铁面无私的高压态势。建立网络化监测预警防控体系，需要气象部门和环保部门以及相关媒体部门的通力合作，向社会和公众提供雾霾污染级别的即时信息，采取有效地行动来应对突发污染情况，并提出防护措施，让公众了解自己所处地区的大气环境质量及时信息以及污染的变化程度，从而提高公众的保护意识，确保适宜的生活环境。

9.1.3　雾霾跨域治理多元协同机制

雾霾治理机制的构建，目的在于形成合力、协规，创建互利、共赢局面，探求企业、地方政府、社会组织、普通民众等主体之间的协同机制。根据党的十八届五中全会提出“必须牢固树立并切实贯彻创新、协调、绿色、开放、共享的发展理念”，本书认为雾霾治理也应贯穿这些机制。

1. 雾霾跨域治理多元主体间的创新机制

在我国雾霾污染日益严重频繁而防治工作收效甚微的情况下，通过制度创新机制和科技创新机制来提升雾霾治理水平显得尤为紧迫。①雾霾治理制度创新是促进治霾科技创新，推动雾霾治理进程的重要保证。我国现有的雾霾治理体制存在很多不完善的地方，亟待政府通过总结以往治理经验，实地调研并结合区域实际情况进行制度更新。②在进行治霾的科学技术研发过程中，地方政府和企业各自扮演着不同的角色，企业是创新的主体，通过建立科研团队进行科学技术的研发推广；地方政府则通过增加研发经费投入、制定税收减免政策和相关保护专利技术等法规，为企业科技创新提供必要的物质支持、创造良好的科技创新环境。两者通过协同合作建立雾霾跨域治理的创新机制，为雾霾治理提供驱动。

2. 雾霾跨域治理多元主体间的协调机制

多元主体间协调机制是雾霾协同治理的重要组织保障，其中包括利益协调和内部协调。①对行为主体进行有效的利益协调时，不仅要对不同政府间的利益协调，也包括协调地方政府与治理目标的利益差异，通过制度化的利益协调机制，实现利益共同体，实现共同的治理目标。一方面，要重视局部同整体利益的协调，可以让多元主体各方都参与到决策和治理过程中，都参与到利益协调中，在充分表达各自的利益诉求后形成利益共同体，共同解决空气污染问题；另一方面，地方政府在空气污染的跨域合作治理过程中要建立一套行之有效的制度化的利益协调机制，明确划分地方政府在跨域空气污染治理中的义务与权利，同时合理建构成本分担方式，通过协同治理，实现行为主体的“共赢”。②对于雾霾治理内部协调，可以考虑建立具有高度权威的雾霾治理协调委员会。该委员会应由区域内政府内部相关成员、专家、社会组织代表和企业代表等人担任，席位稳定，人员流动，确保会议能定时有效召开，协调委员会下设常务执行委员会，负责处理除召开会议之外的其他日常事务，区域协调委员会应发挥其实质作用，充分调动区域内各方资源，集中力量进行雾霾治理。

3. 雾霾跨域治理多元主体间的绿色机制

践行绿色发展理念是防治雾霾的必由之路，这需要政府、企业和公民等多元主体的协同努力。①政府不仅要促进区域内产业结构的优化升级，转变经济增长方式，大力支持环境友好型产业发展，从源头减少污染物的排放，还要扩大行政区域内绿化面积，设立“城市带安全距离”，利用城市布局来阻隔雾霾扩散。②企业要自觉承担社会责任，除了做到污染物达标排放外，还应尽量使用绿色能源进行清洁生产，大力发展绿色新兴产业。③每位公民都应提高自身的环保意识，树立环保生活观和价值观，认真践行环保生活方式，坚持绿色出行、绿色办公。多元主体通过自身努力贯彻落实绿色发展理念，相互协同建立治霾绿色机制，加快我国雾霾治理的进程。

4. 雾霾跨域治理多元主体间的开放机制

开放带来进步，封闭导致落后。我国雾霾的跨域治理要学习引进国外的治理经验，并与我国的实际情况相结合，探索出适合我国的治理方法与道路。此外，由政府主导的雾霾治理，一方面要发挥市场在资源配置中的决定性作用，使重污染企业在国家产业结构升级和经济发展方式转变的浪潮中优胜劣汰，另一方面要向社会组织、专家学者和普通公众等多元主体开放，鼓励全社会共同参与，发挥各主体专长和优势，群策群力，形成一个决策透明、执行有力、监督有效的雾霾治理多元参与开放机制。雾霾治理是一个综合系统性工作，建立开放机制，有利于提高雾霾防治水平。

5. 雾霾跨域治理多元主体间的共享机制

建立各区域内多元主体之间的信息资源和智力资源共享机制，是实现雾霾跨域治理的重要基础和外在保障。①政府掌握着大量信息资源，而民间也有着政府难以掌握的信息资源，政府要严格按照法律规定向社会公开雾霾污染的相关信息，保障公民的知情权。而作为民间力量的其他主体也应将通过自身优势获取的信息，如实告知给政府相关部门，以确保雾霾治理决策的科学合理性。在多元协同体中进行信息共享有利于信息充分应用。②社会团体相对于政府有更大的“智库”资源，一些专家学者可以为雾霾治理的应对提供一定智力支持，可以为政府建言献策、监督政府，增强政府环境治理责任，并通过开展环境维权，推动公益诉讼实践发展。社会组织的专业化发展，在与国际的交流沟通中形成先进的思维逻辑，从创新角度看待问题和面对雾霾，用更加灵活的思维，更广阔的见识弥补政府的不足，加快治霾进程。

9.2　英国雾霾跨域协同治理案例分析

9.2.1　背景简介

1952 年英国伦敦整个城市被烟雾笼罩，机场大批航班取消，马路上几乎没有车，大量由煤燃烧产生的黑烟、颗粒物和 SO_2 在伦敦上空累积。根据伦敦市官方统计，在雾灾发生前后共死亡 3425 人，而大雾所造成的慢性死亡人数达 8000 人。1952 年的伦敦烟雾事件成为 20 世纪十大环境公害事件之一。严重的环境污染不仅影响英国的国家形象，导致部分产业损失，还严重影响公民的正常生活。

造成雾霾的原因主要有工业污染和冬季燃煤取暖，这是直接原因。英国作为世界上最早的工业国家。自 18 世纪 60 年代工业革命以来，工业发展十分迅猛，且工业的发展更注重生产数量和时间，一味追求速度，而忽视其产生的巨大污染。当时工业生产的多以煤作为燃料，煤炭燃烧释放出来的烟尘中含有 Fe_2O_3，它能促进空气中的 SO_2 氧化，进而很易生成硫酸液附在烟尘上或凝聚在雾滴上，一旦被人吸入，对人体的伤害非常大。而自工业革命以来，煤就成为了家庭取暖使用的核心燃料，因此，煤烟排放量急剧增加，比平时要高出好多倍，而居民家庭取暖排放煤废气的烟囱没有工业排放使用的高，因此，烟尘废气都漂浮在下层，居民更容易吸入。

此外，造成雾霾的间接原因是逆温现象和高压系统。1952 年 12 月 5 日，伦敦上空出现逆温现象，空气处于十分稳定的状态，这就致使工厂排放的烟尘废气，汽车尾气等聚集在空中不易向上扩散和稀释；同时，英国大部分处于高气压系统的控制之下，多下沉气流，污染物难以向高层扩散，加剧了严重的空气污染。

9.2.2 英国雾霾跨域协同治理经验

雾霾污染治理是一个系统问题，也是一个区域问题，涉及到整个环境系统中的各个环节、各个主体，多元主体之间协同治理并不只是某个单独个体的责任。英国政府显然认识到了这个，其在治理雾霾问题方面有一套独具特色的协同多元主体参与环境治理框架，通过构建“政府—市场—社会” 三维框架下的环境治理模式，突出强调政府、企业和公众多元主体共同参与到大气污染的防治过程，充分发挥多元主体的协同作用，共同出谋划策，共同治理。

(1)政府以法为保障，建立地区跨域治理体系

为了有效治理雾霾，要为后面采取的措施打好基础，做好保障，最强硬的手段莫过于法律。作为世界上最早的法治国家，英国早在 19 世纪就出台了较为完善的法律。1863 年和 1874 年英国政府出台了《产业环境发展法》，限制重污染企业排放；随后，英国又相继制定了严格的法律，并不断完善成体系。1956 年颁布了世界上第一部空气污染防治法案《清洁空气法》，1968 年又颁布一项清洁空气法案，要求工业企业建造高大烟囱，加强疏散大气污染物。之后又陆续出台了《污染控制法》(1974)、《汽车燃料法》(1981 年)、《空气质量标准》(1989 年)、《环境保护法》(1990 年)、《道路车辆监管法》(1991 年)、《清洁空气法》(1993 年修订)、《环境法》(1995 年)、《大伦敦政府法案》(1999)、《污染预防和控制法案》(1999 年)及《气候变化法案》(2008)等一系列空气污染防控法案，对其他废气排放进行严格约束，制定明确的处罚措施，以控制伦敦的大气污染。除此之外，大气不断流通，因此治理雾霾污染不仅只是单个地区的责任，英国还在国内建立了严密的大气监测网，将伦敦、爱丁堡及其周边城市和地区联合起来，政府间突破地域限制，实现跨域合作，制定共同的政策，以大力治理雾霾污染问题，例如建立共同的监测会，实时监控各地的空气质量，根据各地的空气问题，具体问题具体分析，实施治理方法，齐心合力共同治理。

(2)政府监管、市场调节、企业自律协同作用

市场在雾霾治理系统中发挥着不可或缺的作用，法律法规是英国环境治理的根本手段，但强制的法律法规太过强硬，会使企业产生消极思想，不利于激发企业自愿减污排污行为。因此，政府制定的强调“谁污染、谁治理、谁花钱”的经济措施逐渐成为英国空气污染防治改革的主要手段。企业在获取利益的同时，也应承担其社会责任，要遵守相关的法律法规，绿色生产。英国雾霾污染最主要的原因就是工业污染物的排放，因此，企业通过技术创新、科技手段等来降低污染

物的排放，尽量减少对大气的污染。政府要和企业协同治理，政府要监督企业的生产，对于高污染高排放高消耗，不符合排放规定的企业，要督促其整顿，严重的要予以取缔关闭生产。英国政府当时对英国的重工业企业进行了严厉整顿，将那些对空气危害很大的企业一律予以整改取缔，从源头断绝污染。同时，英国政府十分重视科技发展，利用科技来转变生产模式，鼓励企业转变生产方式，监督企业绿色生产。政府和企业是雾霾治理系统中的两把交椅，既要各自出力，做好自己理应做的事情，同时又要协同治理，把两股力量统筹起来，通过合作，合成一股劲，最大限度地发挥作用。

(3)保障公民权益，鼓励公众参与

除了政府和企业，社会力量也不能被忽视，尤其是公众的参与，公众参与雾霾治理具有独特的优势，也有其现实必要性。英国政府认识到公众是治理雾霾的中坚力量，因此，实施了一系列政策来为公众参与提供保障。首先，英国政府在中小学教育中加大对环境问题的教育比重，通过提高公众对环境的认知度来改善保护环境的自觉性和主动性。从英国政府对空气污染的治理措施看，其治理方式同人们对环境问题的认识水平密切相关，环境教育对增进公众参与发挥着不可替代的作用。其次，英国政府建构了一个使政府、企业和公众对关心问题展开交流的多方沟通协作平台，参与者之间不仅讨论环境决策还实践于环保行动中，保证了环境决策的科学性与有效性；同时，政府为公众参与相关法律法规的制定过程提供保障，使得公众能积极建言献策，推动政策顺利执行。

9.2.3　主要启示

英国在雾霾治理方面的经验，对我国治理当前面临的严重的雾霾污染问题有很大的帮助，我国可以借鉴英国的经验探析出我国雾霾治理的新路径。通过与英国雾霾治理相比，中国在雾霾跨域治理方面需要不断向其学习。在雾霾跨域协同治理模式建立时，需要相关的政策及制度环境促进完成。

(1)政府发挥其中心主动的影响力，统筹全局

政府处于一个主导地位，统筹控制全局。在多中心治理模式中，政府的角色、责任和管理方式均要发生改变，政府主要是制定宏观的管理架构和环境资源的分配准则，扮演着提供服务的间接管理者。政府要综合运用各种行政手段和政策，来调控整个治理体系。政府要支持鼓励市场的健康发展，服务于市场，引导市场的发展，并为市场提供良好的发展环境。政府有责任加快污染治理的法律法规建设，并督促落到实处，转变经济的发展方式，加快发展新型绿色能源，提倡绿色

发展道路，提高社会各界的环保意识，协调社会力量投身环保事业。

(2) 区域政府之间实现跨域合作，加强协调，共同治理

雾霾污染具有长期性、高度渗透性等特点。目前，大气区域污染已经普遍超越了传统的行政区域划分的边界，现在雾霾污染问题是相互关联，制约的社会问题，但是由于各个地方的法律法规不相同，且个别地方实行地方保护主义，因此，不能从根本上解决协同治理的问题，区域之间的不同层级政府要协同合作，要落实区域联防联控，真正实现跨域合作，要建立统一的机构统领。各级政府可成立政府间组织，例如采取建立区域政府间协调机制的措施，协商共同制定出统一的管理措施和排放标准，区域政府间组织是雾霾协同治理的重要组织保障，势在打破地域的限制、行政的限制，集中力量，步调一致地进行雾霾治理。

(3) 社会力量发挥多元主体的独特作用，加强公众中心参与

我国从 1978 年来就逐渐形成了行政主导的环境治理体系，环境治理主要靠政府的直接控制，治理工具单一，行政色彩强烈，治理过程被动。从英国的治理经验我们可以得知，单靠政府是不行的，政府无法掌握全面信息，我国传统的环境治理体系必须向协同合作的治理模式转化，寻求多元主体来加入到环境治理中，协同治理，以弥补政府单一主体的不足。

(4) 建立完善法律法规及环境评价体系，促进跨域多元协同

在借鉴英国成功的措施之上，本书从行动者网络理论角度认为雾霾跨域治理的多元主体除政府、企业和公众外，还有高校、科研究机构、以及独立于政府的环保委员会等，此外包括“非人”的法律法规体系、环境评价体系等。要实现雾霾跨域治理的协同效应，要求各主体在完善自身组织结构后，在良好的法律法规和环境评价体系的大背景下，互相沟通协作实现我国雾霾跨域的多元协同治理。

9.3　雾霾跨域多元协同政策建议

9.3.1　建全明晰责任的法律制度体系

英国伦敦的雾霾治理成功案例告诉我们，完善的法律法规是治理雾霾的根本制度保障，也是将具体治理措施落到实处的基础，强大的法律体系使雾霾防治有法可依、有章可循。一个区域内的合作要互利共赢的长久发展，必要的法律法规一定要出台制定。为有效地实现雾霾跨域协同的治理，可以建立类似的《政府间关系法》，专门围绕跨域政府间的合作制定，以此为地方政府间的合作提供法律保障和依据。在新法律建立的同时，仍然存在其与老法律冲突的地方，例如地方

政府法律政策体系中存在地方保护主义的规定，这严重影响雾霾的跨域协同治理。因此，地方政府应在自己的职权范围之内对相应的法规进行完善，促进各政府间的合作为防止跨域政府间对雾霾治理中的相关责任互相推诿，应建立健全跨域雾霾治理的政策法规体系，明晰责任，制定科学合理的责任标准，实现信息的沟通与共享。同时，制定空气质量标准和大气污染排放标准，使各区域政府在雾霾治理中按标准执行，杜绝因互相推诿而延误治理时机的现象。

9.3.2　建立科学成熟的战略环境评价体系

战略环境评价体系是在战略层面上对环境影响进行的评价，是一种将环境和可持续发展因素结合起来进行综合评价的手段。通过战略环境评价体系政府部门可以有效地评价政策、规划和计划及其替代方案对环境可能产生的影响。我国战略环境评价体系起步相对较晚，从宏观层面上地位较低，评价结果未能得到决策层重视。因此，为完善雾霾跨域治理的协同机制，国家应制定相关规定，重视环境评价体系的建立，规定相关区域甚至行业有战略环境体系的介入，为治理策略的提出提供环境参考。同时，对于战略环境评价体系本身而言，要完善其流程的科学性和可执行性。

9.3.3　实行统一管理的联合委员会模式

在跨域合作的区域内实行地区雾霾治理委员会，统一监控和预警。雾霾治理委员会是独立于政府，由中央管理的组织。目前我国还没有权威机构对政府以及污染企业的治霾进行评价和监督。因此，雾霾治理委员会的建立将通过法律法规的强制以及社会媒体的舆论监督共同完成对雾霾跨域治理的管理工作。同时，还需设立专门机构对区域空气统一管理，加强对大气污染的研究，整合经济、科技、法律、能源等各方面手段，形成有效应对雾霾和其他大气污染的综合治理模式。对于高污染，肆意排放污染物的企业，国家要进行严厉的惩罚或予以取缔，而对于节能减排的企业，国家要适当的进行奖励，促进其发展。

9.3.4　建立产学研合作的决策参谋机制

高校、科研院所不仅是人才的聚集地更是科技创新的主力军，其积极参与和支持对我国的跨域雾霾治理作用重大。雾霾的治理不光政府、企业、公众的参与与合作是必要的，更需要高校、科研院所等智库机构的积极参加和支撑。高校及科研院所在不断地研究创新中，寻找雾霾治理的最佳途径，为雾霾跨域治理的实践提供理论基础和政策建议。在当前我国环境治理的体系中，高校及科研院所的作用常常被轻忽，因此，地方政府在雾霾治理过程中，应积极构建决策参谋机制，放大高校、科研院所的参谋作用。区域政府将雾霾治理的项目和计划给高校或科研机构，让它们利用自身研究领域的专业知识为政府制定出一个有用且符合实际的雾霾治理方案；区域政府还可设置雾霾跨域治理顾问岗位，聘请高校或科研院所中在雾霾治理研究方面有建树的专家学者，为雾霾治理提供决策支持，从而实现除政府、企业、公众以外的多元协同治理效应。

9.3.5　加强全民减排的环保意识

英国治霾的成功案例显示，在完善的法律体系、各种税收或福利制度以及科学的战略环境体系的支持以外，英国政府还十分重视公众和非营利组织的加入，通过全众参与达到完全彻底的环境保护。国家的环境保护事业要想真正的从被动的预防控制变成主动地保护，实现可持续的发展，需要公众在环保意识和环保相关文化上均达到一定水平。以此可见，要不断培养公众的环保意识，从教育上入手培养公众的环境保护相关知识。同时，需要完善公众主动参与制度，实施系列措施鼓励公众广泛的参与，促进雾霾等问题的预防及解决。企业也是法人和员工组成，当企业职员的环保意识得到提升，其在生产过程中也会自觉的选择环保的路径，使企业更多的投入到雾霾治理甚至环保的道路上来。

第10章 结　论

10.1 研究结论

雾霾天气越发严重，给社会经济和人民健康带来严重影响。习近平总书记多次强调环境治理的重要性。雾霾污染来源复杂多样，同时涉及多个区域部门，跨域特征明显，需要政府间打破行政壁垒，构建包括地区政府、污染企业和社会大众的雾霾跨域治理多元协同机制。本书首先在充分理解跨域治理和协同治理概念特征以及适用范围后，结合雾霾的特征及现阶段治理瓶颈，提出雾霾治理与跨域协同治理的契合。只有建立跨域的多元协同机制才能有效解决当前雾霾问题。随后运用微分博弈、演化博弈以及系统动力学方法，对雾霾跨域治理展开研究，最后结合跨域协同学、行动者网络理论提出雾霾跨域治理协同机制和相关政策建议。

(1) 运用微分博弈理论的相关知识，结合我国雾霾污染的实际情况，建立政府与污染企业、跨域政府与政府间的微分博弈模型，得到结论：政府向企业收取的单位排污费提高，企业的生产成本增加，就会控制大气污染物的排放；加大对超标排放污染气体企业的处罚力度，使得企业上缴的罚款金额大于其控制排污量努力的成本，会使企业的均衡污染物产量降低；跨域政府间是否合作取决于协作利益的大小及分配，协作收益越大，分配越合理，政府间选择跨域协作概率越大；随着治霾活动的开展，各区域的利润下降，根本原因在于此时段内治霾资金投入；随时间推移，利润下降幅度会变小，继而利润逐渐上升；通过区域合作治理的利润较单独地区的平均利润高，说明跨域治理雾霾的优势。

(2) 运用演化博弈思想构建政府、企业以及公众的三方演化博弈模型，并运用系统动力学方法对三方演化博弈过程进行模拟仿真，分析在雾霾治理过程中，各个因素对主体的行为选择的影响趋势，得到结论：在雾霾的跨域多元治理中，政府、企业和公众最终会达到稳定均衡状态；政府的行为决策严重影响企业及公众的决策；企业污染的罚金、公众参与的收益以及政府协作的利益分配等因素，都是影响主体行为选择的重要因素。

(3) 在雾霾的风险感知方面，公众对雾霾本身的危害性以及不同暴露行为带来的危害有较高的感知水平。公众认为雾霾对人体健康的危害很大，应采取相应的防护措施。因此，在雾霾天气中，政府应加强对公众开展雾霾天气的成因、危害和防护措施等的宣传，提高公民对风险事件的认知程度，以便做好相应的防护措施。政府与民间社会资本作为雾霾治理的两大主体，需要关注协调和激励两种治理行为。雾霾治理要求双重社会资本的共同努力，政府推行相关法律法规，加强监管和查处力度。而民间社会资本包括公众和社会组织，公众需要树立正确的雾霾治理价值观，积极发挥舆论与监督的作用，社会组织也需要培养自己的环保文化，为雾霾治理宣传树立良好典型。

(4)基于等级全息建模(HHM)框架识别雾霾风险的方法，构建了以自然 风险、人为风险、气象风险、政治风险、经济风险、文化风险和技术风险 7 个风险情景为基础的 HHM 模型，从不同的维度描述形成雾霾天气风险源；运用风险过滤、评级与管理方法(RFRM)对各类别风险源进行初步筛选、过滤和评级，得到了三类主要风险情景：自然风险，人为风险和气象风险；最后，建立雾霾风险评价的故障树模型，通过量化分析，得出结论：人为风险是造成雾霾天气的主要风险源；结合故障树模型对南京市空气质量进行了评价，结果表明南京市空气质量属于中度污染，有待于进一步改善空气质量。

(5)通过对雾霾合作的探讨，首先从社会责任、社会作用等不同角度对政府、企业、公众这三个主要利益相关者进行了分析，得出三者都应对雾霾治理承担责任，并且参与进来；结合综合集成研讨厅和物理-事理-人理系统方法论(WSR)，为促使三者达成共识，必须构建以互联网支持，三者共同参与的平台，并且只有多轮次多层次的合作流程，才能使三方的融合共识进程进展顺利，最后通过共识度模型的建立，得出了在权重不变的条件下，专家组之间通过改变分歧度，达成共识收敛，或者是调整备选方案，再次进行共识度的评估，最终实现融合共识。为了达成融合共识，可以通过专家群组之间意见分享，导致分歧程度降低，意见距离缩短，或者通过修正备选方案，使专家之间的分歧程度降低，最终促成融合共识，输出方案，投入实践，有效解决雾霾治理问题。

(6)我国现有的雾霾治理机制大多存在主体间缺乏沟通与协调、多元主体参与不足等问题，而本书根据博弈演化及仿真的结论，有针对性地提出了雾霾跨域治理多元协同的机制，结合行动者网络理论，从以沟通网络、利益协调网络、多元参与网络、预防与监控网络为基础，实现雾霾跨域治理多元协同的角度构建协同机制。具体包括，参与和沟通为基础的多元互动机制、以利益平衡与协调为基础的监管方式、以公众参与为主要诉求的区域雾霾共管机制、“防”“治”结合的雾霾治理运作机制等。

(7) 为完善雾霾跨域治理多元协同机制，通过分析英国成功的雾霾跨域合作治理的成功点，提出建立雾霾跨域治理协同机制的政策建议，即制定和完善相关的雾霾跨域治理法律及相关制度体系、完善雾霾治理的财税金融制度和加强上级中央政府对雾霾治理中跨域协同工作的监督、建立高校科研院所与地方政府之间决策参谋机制、建立地方政府间更加深入、持续的进行合作来进行雾霾的跨域协同治理。

纵观全书，本书共有 5 个创新点：①运用跨域治理思想解决雾霾问题。雾霾治理是一个跨区域的大范围行动，需要诸多政府部门或组织来配合行动，传统的治理模式已经难以解决雾霾问题。运用跨界治理理论来解决雾霾治理问题能够有效提高治理效果。②首次将雾霾的大气运动和时间因素考虑进去，运用微分博弈的方法研究雾霾跨域治理各主体的动态策略，分析结果显示跨域合作的必要性。③以问卷调查数据为研究基础，将社会资本细分为政府与公众 2 个变量，研究双重社会资本的不同影响，运用结构方程模型分析探讨双重社会资本、治理行为与雾霾治理绩效三者间的关系。结果表明，双重社会资本对治理行为与雾霾治理绩效均有正向影响，两种治理行为均起到正向中介作用。特别地，具有公共服务性质的雾霾治理需要政策强制力来保障落实，具有号召性的信任因素与激励行为的正向影响有限。④融合共识是整和雾霾治理流程、提高决策效率的重要途径。将综合集成法作为平台框架，物理-事理-人理系统方法论(WSR)为决策实践原则，共识度的采集与方案的选择采用共识度模型，并将其与群决策理论融合，构建一套完整的、可长期使用的并会不断更新的群决策融合共识系统。融合共识系统从利益相关方的参与到方案输出最满意方案都有所涉及，将长期为解决雾霾灾害效力。⑤结合行动者网络理论建立雾霾跨域治理多元协同机制。我国现有的雾霾治理治理机制主体间缺乏沟通协作，且协同不足。利用行动者网络理论和博弈结果共同建立的协同机制更能体现多元协同的优势。

10.2　展　　望

(1) 本书限于对跨域雾霾治理三个主体的分析，即纵向的上下级政府、政府与企业博弈和横向的区域间政府联合治理，以及政府、企业与公众的协同，未深入分析探讨一个网络化的治理结构。未来可以进一步展开网络化的追踪式研究，从动态的微分博弈角度，研究相对稳定的雾霾跨域治理的网络化模式与机制，从而使雾霾跨域治理有更加广博的实用性和适用性。

(2) 雾霾的跨域协同治理在我国目前的雾霾治理中，实际操作还比较陌生，说明我国的雾霾跨域协同治理机制处于初级阶段。本书虽然总结概括了一些多元协同治理机制，但是也仅限于文献的研究及观点的提出，且这些机制并未完全针对我国当前的雾霾治理背景，每种政策建议所需要的具体条件、所需配置的资源都不尽相同，这方面也有待深入分析和探究。

参 考 文 献

安尼鲁德•克里希纳. 2005. 创造与利用社会资本. 北京: 中国人民大学出版社.

白洋, 刘晓源. 2013. “雾霾”成因的深层法律思考及防治对策. 中国地质大学学报, 6: 11-15.

班允浩. 2009. 合作微分博弈问题研究. 大连: 东北财经大学博士学位论文.

蔡萌. 2014. 论雾霾污染的成因及治理对策. 环境与生活, 4: 156-159.

陈广汉. 2003. 提升大珠江三角洲国际竞争力研究. 广州: 中山大学出版社.

陈礼文. 2015. 上市银行绿色信贷在雾霾治理中的反馈作用. 合肥: 中国科学技术大学硕士学位论文.

陈瑞莲, 张紧跟. 2002. 试论区域经济发展中政府间关系的协调. 中国行政管理, 12: 65-68.

陈玉清. 2009. 跨界水污染治理模式研究. 杭州: 浙江大学硕士学位论文.

程发新. 2008. 决策共识中群体对方案评价的意见分歧度识别方法. 和谐发展与系统工程——中国系统工程学会第十五届年会论文集, 197-204.

崔霞. 2003. 群体智慧在综合集成研讨厅体系中的涌现. 系统仿真学报, 1(15): 146-153.

代豪. 2014. 雾霾天气下公众风险认知与应对行为研究. 上海: 华东师范大学博士学位论文.

邓群钊. 2006. 多层次多轮实地群决策法及其应用. 安徽农业科学, 8(34): 1663-1665.

冯领香, 冯振环. 2013. 基于故障树法的防震减灾系统脆弱性评估. 世界地震工程, 29(1): 34-37.

弗朗西斯•福山. 2001. 信任、社会美德与创造繁荣经济. 海口: 海南出版社.

顾基发. 1998. 从管理科学角度谈物理-事理-人理系统方法论. 系统工程理论与实践, 8(8): 1-6.

顾基发. 2007. 物理-事理-人理系统方法论综述. 系统工程理论与方法, 12(6): 51-60.

顾基发. 2011. 物理事理人理系统方法论的实践. 管理学报, 3(8): 317-322.

郭波, 龚时雨, 谭云涛. 2008. 项目风险管理. 北京: 电子工业出版社.

洪银兴, 刘志彪. 2004. 长江三角洲地区经济发展的模式和机制. 北京: 清华大学出版社.

胡名威. 2014. 雾霾的经济学分析. 经济研究导刊. 4: 10-12.

胡震云, 陈晨, 王慧敏, 等. 2014. 水污染治理的微分博弈及策略研究. 中国人口•资源与环境, 24(5): 93-101.

黄祥瑞. 1990. 可靠性工程. 北京: 清华大学出版社.

黄再胜. 2008. 试析行为合约激励理论研究的起源、发展与实践意蕴. 外国经济与管理, 3: 1-8.

贾瑞霞. 2000. 国外学者关于一体化理论的一些研究. 当代世界与社会主义, 3: 71-73.

姜丙毅, 庞雨晴. 2014. 雾霾治理的政府间合作机制研究. 学术探索, 7: 15-21.

焦亮. 2010. 基于风险分析的部队车辆安全管理研究. 长沙: 国防科学技术大学硕士学位论文.

赖苹, 曹国华, 朱勇. 2013. 基于微分博弈的流域水污染治理区域联盟研究. 系统管理学报, 22(3): 308-316.

李承嘉. 2005. 行动者网络应用于乡村发展之研究——以九份聚落 1895—1945 年发展为列. 地理学报, 39: 1-30.
李海婴, 周和荣. 2004. 敏捷企业协同机理研究. 中国科技论坛, (3): 38-40.
李瑞昌. 2008. 理顺我国环境治理网络的府际关系. 广东行政学院学报, 20(6): 28-32.
李婷婷. 2014. 公众风险感知的社区减灾策略研究. 兰州: 兰州大学硕士学位论文.
李文星, 蒋瑛. 2005. 简论我国地方政府间的跨区域合作治理. 西南民族大学学报, 26(1): 259-262.
李欣怡. 2010. 风险认知和风险行为的关系. 牡丹江大学学报, 19(3): 111-113.
李耀东. 2004. 综合集成研讨厅的理论框架设计与实现. 复杂系统与复杂性科学, 1: 27-32.
李永亮. 2015. "新常态"视阈下府际协同治理雾霾的困境与出路. 中国行政管理, 9: 32-36.
李长宴. 2012. 府际关系: 新兴研究议题与治理策略. 北京: 社会科学文献出版社.
林尚立. 1998. 国内政府间关系. 杭州: 浙江人民出版社.
刘海英, 张秀秀. 2015. 政府雾霾治理绩效评价指标体系的构建研究. 环境保护, 3: 58-61.
刘金平. 2010. 公众的风险感知. 北京: 科学出版社.
刘伟忠. 2012. 我国地方政府协同治理研究. 济南: 山东大学博士学位论文.
柳春慈. 2010. 区域公共物品供给中的地方政府合作思考. 湖南社会科学, 1: 123-125.
柳玉清. 2014. 我国城市雾霾天气成因及其治理的哲学思考. 武汉: 武汉理工大学硕士学位论文.
娄成武, 于东山. 2011. 两方国家跨界治理的内在动力、典型模式与路径. 行政论坛, 18(1): 88-91.
卢方元. 2007. 环境污染问题的演化博弈分析. 系统工程理论与实践, 27(9): 148-152.
陆正, 崔振新, 汪磊. 2015. 基于 Bow-tie 模型的民机着陆冲出跑道风险分析. 工业安全与环保, 41(12): 4-8.
马国顺, 赵倩. 2014. 雾霾现象产生及治理的演化博弈分析. 生态经济, 30(8): 169-172.
马学广, 王爱民, 闫小培. 2008. 从行政分权到跨域治理: 我国地方政府治理方式变革研究. 地理与地理信息科学, 24(1): 49-55.
南京市统计局. 2015. 南京市统计年鉴.
彭本红, 谷晓芬, 武柏宇. 2016. 电子废弃物回收产业链多主体协同演化的仿真分析. 北京理工大学学报(社会科学版), 18(2): 53-63.
任孟君. 2014. 我国区域大气污染的协同治理研究. 郑州: 郑州大学硕士学位论文.
任泽涛, 严国萍. 2013. 协同治理的社会基础及其实现机制——一项多案例研究. 上海行政学院学报, 14(5): 71-80.
申亮. 2008. 绿色供应链演化博弈的政府激励机制研究. 技术经济, 27(3): 110-113.
时勘, 范红霞, 贾建民, 等. 2003. 我国民众对 SARS 信息的风险认知及心理行为. 心理学报, 35(4): 546-554.
史越. 2014. 跨域治理视角下的中国式流域治理模式分析. 济南: 山东大学硕士学位论文.
宋官东. 2002. 对从众行为的再认识. 心理科学, 2: 202-204.
宋怡欣. 2015. 碳金融法律制度国际演进对我国雾霾治理的启示. 生态经济, 31(2): 44-29.
孙多勇. 2007. 突发事件与行为决策. 北京: 社会科学文献出版社.

孙鹏举. 2014. 我国雾霾污染法律治理研究. 太原: 山西财经大学硕士学位论文.
孙友祥. 2011. 区域基本公共服务均等化的跨界治理研究——基于武汉城市圈基本公共服务的实证分析. 国家行政学院学报, 1: 73-78.
汪伟全. 2014. 空气污染的跨域合作治理研究——以北京地区为例. 公共管理学报, 11(1): 55.
王博, 李健. 2015. 沿海产业合作污染治理的微分对策. 工业工程, (5): 107-114.
王佃利, 史越. 2013. 跨域治理理论在中国区域管理中的应用——以山东半岛城市群发展为例. 东岳论丛, 34(10): 113-116.
王甫勤. 2010. 风险社会与当前民众的风险认知研究. 上海行政学院报, 2: 83-91.
王惠琴. 2014. 雾霾治理中公众参与的影响因素与路径优化. 重庆社会科学, 12(241): 42-47.
王其藩. 1995. 高级系统动力学. 北京: 清华大学出版社.
王书斌, 徐盈之. 2015. 环境规制与雾霾脱钩效应——基于企业投资偏好的视角. 中国工业经济, 4: 18-30.
魏嘉, 吕阳, 付柏淋. 2014. 我国雾霾成因及防控策略研究. 环境保护科学, 5: 23-27.
乌兰. 2007. 协调发展背景下的区域旅游合作. 山东社会科学, 5: 81-83.
吴博. 2014. 雾霾协同治理的府际合作研究: 以“京津冀”及“珠三角”为例. 武汉: 华中师范大学硕士学位论文.
吴瑞明, 胡代平, 沈惠璋. 2013. 流域污染治理中的演化博弈稳定性分析. 系统管理学报, 22(6): 797-801.
吴文征. 2011. 物流园区网络协同的内涵与运作机制初探. 生产力研究, 4: 144-147.
徐征捷, 张友鹏, 苏宏升. 2014. 基于云模型的模糊综合评判法在风险评估中的应用. 安全与环境学报, 2: 26-29.
杨小阳, 白志鹏. 2013. 雾霾天气的成因及其法律层面应对状况与操作层面政策建议. 中国能源, 4: 6-10.
叶珍. 2010. 基于 AHP 的模糊综合评价方法研究及应用. 广州: 华南理工大学硕士学位论文.
于宏源. 2014. 雾霾治理的多元参与机制. 电力与能源, 35(2): 131-134.
于水, 帖明. 2015. 变化环境下的地方政府雾霾污染治理研究——基于 354 个城市 2001~2010 年 PM2. 5 数据的分析. 江苏社会科学, 6: 45-48.
袁东, 台斌. 2014. 城市雾霾污染的成因及治理措施分析. 齐鲁师范学院学报, 3: 22-27
张成福, 李昊城, 边晓慧. 2012. 跨域治理: 模式, 机制与困境. 中国行政管理, 3: 102-109.
张建忠, 孙瑾, 缪宇鹏. 2014. 雾霾天气成因及应对思考. 中国应急管理, 1: 16-21
张紧跟. 2011. 论珠江三角洲区域公共管理主体关系协调. 学术研究, 1: 49-56.
张润君. 2007. 合作治理与新农村公共事业管理创新. 中国行政管理, 1: 56-59.
张伟丽, 叶民强. 2005. 政府、环保部门、企业环保行为的动态博弈分析. 生态经济, 2: 60-66.
张学刚, 钟茂初. 2011. 政府环境监管与企业污染的博弈分析及对策研究. 中国人口资源与环境, 21(2): 31-35.
赵庆年. 2009. 分工与合作: 区域高等教育协同发展的现实需要与理性诉求. 教育学文摘. 1: 35-37.
郑国姣, 杨来科. 2015. 基于经济发展视角的雾霾治理对策研究. 生态经济, 31(9): 12-34.

周洁红，李怀祖. 1993. 决策理论导引. 北京：机械工业出版社.

周景坤. 2016. 我国雾霾防治法律法规的发展演进过程研究. 理论月刊. 1: 76-80.

周峤. 2015. 雾霾天气的成因. 中国人口•资源与环境, 1: 43-47

卓凯，殷存毅. 2007. 区域合作的制度基础：跨界治理理论与欧盟经验. 财经研究, 33(1): 55-65.

Akihiko Y. 2009. Global environment and dynamic games of environmental policy in an international duopoly. Journal of Economics, 97(2): 121-140.

Brown T F. 1997. Theoretical perspectives on social capital. Working Paper. http: //hal. lamar. edu/BROWNTF/SOCCAP. HTML.

Chapman R J. 2001. The contorlling influences on effective fisk identification and assessment for construction design management. International Journal of Project Management. 19(3): 147-160.

Coleman J S. 1988. Social capital in the creation of human capital. American Journal of Sociology, (94): 95-120.

Collier P. 2002. Social capital and poverty: a microeconomic perspective. Grootaert C, Van B T. The role of social capital in development: an empirical assessment. Cambridge: Cambridge University Press.

Dulal H B, Foa R, Knowles S. 2011. Social capital and cross-country environmental performance. The Journal of Environment Development, 20(2): 121-144.

Eklund P, Rusinowska A, De Swart H. 2007. Consense reaching in committees. European Journal of Operational Research, 178: 185-193.

Elinor O, Ahn T K. 2009. The meaning of social capital and its link to collective action. Edward Elgar Publishing Limited.

Erik N. 2007. Networked governance: China's changing approach to transboundary environmental management. Massachusetts Institute of Technology.

Ewing J J. 2014. Cutting through the haze: Will Singapore's new legislation be effective? Working Papers, 2.

Fishbein M A, Ajzen I. 1975. Belief, attitude, intention and behavior: an introduction to theory and research. Boston: Addison-Wesley.

Forsyth T. 2004. Critical Political Ecology: the Politics of Environ Mental Science. London: Routledge.

Friedman J. 2016. Preparing for alternative payment models. Medical Group Management Association, 8: 16-20.

Haimes Y, Kaplan Y, Lambert J H. 2001. Risk filtering, ranking and management framework using hierarchical holographic modeling. Risk Analysis, 22(2): 383-397.

Harold E, Roland B M. 1990. System safty engineering and management. New York: John Wiley&Sons.

Huygh T, Haes D S. 2016. Exploring the research domain of IT Governance in the SME context. International Journal of IT/Business Alignment and Governauce. 7(1):20-35.

Kaplan S B, Garrick J. 1981. On the quantitative definition of risk. Risk Analysis, (1): 11-27.

Knack S, Keefer P. 1997. Does social capital have an economic payoff? a cross-country investigation. Quarterly Journal of Economics, 112(4): 1251-1288.

Krishna A, Uphoff N T. 2005. Mapping and measuring social capital through assessments of collective action to conserue and develop watersheds in Rajasthan, India, New York: Cambridge University Press.

Kuhl H. 1987. Umweltressourcen als gegenstand internationaler verhandlungen: eine theoretische transaktionskostenanalyse. Frankfurtam Main.

Lazano J M, Albareda L, Ysa T. 2009. 欧洲政府企业社会责任公共政策. 李凯, 译. 北京: 知识产权出版社.

Lewis L F, Keleman K. 1991. Meetingware users manual, meeting ware associates. Bellingham, WA.

Lichterman P. 2009. Social capacity and the styles of group life. American Behavioral Scientist, 52: 846-866.

Linstone H A. 1999. Decision making for technology executives-using multiple perspectives to improve performance. Artech House.

Miterany D. 2004. The healing effects of the contextual activation of the sense of attachment security: the case of posttraumatic. stress disorder. Unpublished Manuscript.

Morgan J G. 2000. Categorizing risks for risk ranking. Risk Analysis, 1, 49-58.

Muller N Z, Mendelsohn R. 2009. Efficient pollution regulation: getting the prices right. American Economic Review, 99(5): 1714-1739.

Nahapiet J, Ghoshal S. 1998. Social capital, intellectual capital and the organizational advantage. Academy of Management Review, 23: 242-266.

Nielsen L L, Nyland C, Smyth R. 2007. Migration and the right to social security: perceptions of off-farm migrants' rights to social insurance in China's Jiangsu Province. China & World Economy, 15(2): 29-43.

Nunamaker J F, et al. 1991. Information technology for negotiation groups: generating options for mutual gain. Management Science, 37(10): 231-267.

Nurhidayah L. 2013. Legislation, regulations and policies in Indonesia relevant to addressing land/forest fires and transboundary haze pollution: a critical evaluation. Asia Pacific Journal of Environmental Law, 16: 129-143.

O'Toole L J. 2000. Research on policy implementation: assessment and prospects. Journal of Public Administration Research and Theory, 10(2): 263-288.

Perter B G. 2000. Governance and comparative politics in pierre. Debating Governance New York Oxford University Press, 1: 36-53.

Pigou A C. 1932. The Economics of Welfare. London, Macmillan.

Plasmans J, Engwerda J, Aarle B V, et al. 2009. Analysis of a monetary union enlargement in the framework of linear-quadratic differential games. International Economics & Economic Policy,

6 (2) : 135-156.

Porter A. 1998. Social capital: its origins and applications in modern sociology. Annual Review of Sociology, 24 (1) : 1-24.

Pretty J, Ward H. 2001. Social Capital and the Environment. World Developmant, 29(2): 209-227.

Putnam, Robert D. 1995. Turning in, turn out: the strange disappearance of social capital in america. Political Science and Politics, 28 (4) : 663-665.

Quan Y. 2012. Analysis on regional cooperative governance from the perspective of new regionalism. Chinese Public Administration, 3: 30-41.

Smith J M, Price G R. 1973. The logic of animal conflict. Nature, 246 (5427) : 15-18.

Steen J. 2010. Actor-network theory and the dilemma of the resource concept in strategic management. Scandinavian Journal of Management, 3: 324-335.

Sullivan H, Skelcber C. 2002. Working Across Boundaries: Collaboration in Public Service. New York: Palgrave Macmillan.

Talbot L, Walker R. 2007. Community perspectives on the impact of policy change on linking social capital in a rural community. Health and Place, 19 (2) : 24-37.

Timothy J L. 2005. Devolution and Collaboration in the Development of Environmental Regulations. Ohio State University.

Wegelin J, Hoffman M D. 2009. Analysis of factors affecting the probability of finishing the western states 100-mile endurance run: 2353: Board #241May 28 2:00 PM-3:30 PM. Medicine & Science in Sports & Exercise, 41(5): 317-318.

后　　记

雾霾问题越发引起重视，2013年国务院发布《大气污染防治十条措施》得到各省市的响应，目前各地纷纷出台了本地区的大气污染防治措施。同时，我国目前正在强调转变经济发展方式，调整产业结构，调整能源消费结构，推动实现绿色生产，建设环境友好型的现代社会。治理雾霾已经成为一个刻不容缓的任务，它与每个人都息息相关，在这样一个转变发展方式的契机下推动雾霾治理是作用长久的规划。

雾霾跨域治理牵涉到不同的主体和其相关利益，是一项复杂的社会系统工程，需要多学科的交叉研究。雾霾的公共物品属性使得必须要由政府强制力作为保障，但是雾霾治理又不仅靠政府强制力可以实现，还有企业、社会团体、公众等诸多主体需要考虑。实现雾霾治理需要一个完整的理论作为支撑，全面分析雾霾治理当中涉及到的主体，给予全局性的思考和有效的执行方式。

本书以雾霾跨域治理为主题，利用多种理论和工具分析了雾霾跨域治理中利益相关者的行为博弈、演化路径、风险感知、风险治理、共识融合、协同治理和政策措施等内容。本书具有较强的针对性和时代性，一些观点可以为当前雾霾治理提供借鉴。

本书得到了中国气象局软科学重点项目2017〔15〕、江苏高校优势学科建设工程资助项目(PAPD)和气候变化与公共政策研究院开放课题(14QHA017)的资助，在此表示感谢！

本书参考了国内外众多学者的研究成果，参考文献中尽可能做了标注。同时，撰写过程中还得到相关研究生的支持和协助，他们求知欲强，想法独特，思想活跃，不仅为本书的编写出谋划策，还负责部分章节的资料收集、整理和编写任务，在此一并表示感谢。

由于学识和能力有限，书中可能存在不足与谬误，敬请各位读者批评赐教。

彭本红

2017

后　记

[illegible]

[illegible]

[illegible]

[illegible]

[illegible]

[illegible]

[illegible]

2017